マーク式 基礎問題集 数学I・A

七訂版

河合塾講師
長谷川 進…[著]

河合出版

はじめに

本書の概要

共通テスト数学Ⅰ・A，および数学Ⅰの対策の基礎を固めるための問題集である．マークセンス式の私立大入試の対策にもなる．

特長

- 共通テスト数学Ⅰ・Aに重要なテーマをわずか62題にまとめた．よって，1日に3題ずつ勉強すれば20日間ほどで終えられる．
- 受験生がつまずきやすい内容は，解説の前に ポイント としてまとめた．

期待される効果

共通テスト数学Ⅰ・Aで80点程度の得点を狙えるようになる．

（理由） 共通テストの各大問の最後の設問は非常に難しいことが多いが，それ以外の内容は本書で勉強できる．

大問が4つとして最後の設問が4点ずつだとすれば，残りは $100-4\cdot4=84$ 点であるから，本書を勉強することにより，それ以外の内容はカバーできる．

補足

本書を勉強した後，姉妹編である『共通テスト総合問題集数学Ⅰ・A』（河合出版）により，実際の共通テストの形式・分量に習熟することを勧める．

そうすれば，共通テスト対策は万全である．

著者記す

本書の使い方

解答時間……問題ごとに解答時間の目安を示した．この時間以内で解けることを目標にして欲しい．

各章ごとに学習計画の目安を載せている．

標準コース……標準的なペース．（この問題集全体を 3 週間程度でこなすことができる．）

じっくりコース……苦手な分野をじっくりこなす．

特急コース……ある程度の自信がある分野を，短期間に確認する．

なお，じっくりコースでは，この問題集全体を 5 週間程度かけてこなすことができ，特急コースでは，この問題集全体を 2 週間程度でこなすことができる．自分の学力に合わせて各コースを選択して欲しい．

解答上の注意

問題の文中で二重四角で表記された ア などには，選択肢の解答群から一つを選んで，答えよ．

目　次

第１章
数　と　式

<table>
<tr><th>問題／テーマ</th><th>標　準
解答時間</th><th>標準コース</th><th>じっくり
コース</th><th>特急コース</th></tr>
<tr><td>1．因数分解～複２次</td><td>4分</td><td rowspan="4">第1日</td><td rowspan="3">第1日</td><td rowspan="6">第1日</td></tr>
<tr><td>2．因数分解～多変数</td><td>8分</td></tr>
<tr><td>3．いろいろな対称式</td><td>4分</td></tr>
<tr><td>4．１次不等式</td><td>4分</td><td rowspan="3">第2日</td></tr>
<tr><td>5．１次不等式～係数に文字</td><td>8分</td><td rowspan="4">第2日</td></tr>
<tr><td>6．絶対値</td><td>4分</td></tr>
<tr><td>7．集合と要素の個数</td><td>4分</td><td rowspan="3">第3日</td><td rowspan="5">第2日</td></tr>
<tr><td>8．逆・裏・対偶</td><td>4分</td></tr>
<tr><td>9．必要条件と十分条件(1)</td><td>8分</td><td rowspan="3">第3日</td></tr>
<tr><td>10．必要条件と十分条件(2)</td><td>12分</td><td rowspan="2">第4日</td></tr>
<tr><td>11．反　例</td><td>4分</td></tr>
</table>

1 因数分解～複２次 ……………………… 標準解答時間　4分

$$(A-1)(A-20)+3A+52$$

を展開すると

$$A^2-\boxed{\text{アイ}}A+\boxed{\text{ウエ}}$$

となるので，

$$(A-1)(A-20)+3A+52=\left(A-\boxed{\text{オ}}\right)\left(A-\boxed{\text{カキ}}\right)$$

と因数分解できる．

　このことを利用すると

$$(x^2+x-1)(x^2+x-20)+3x^2+3x+52$$

$$=\left(x-\boxed{\text{ク}}\right)\left(x-\boxed{\text{ケ}}\right)\left(x+\boxed{\text{コ}}\right)\left(x+\boxed{\text{サ}}\right)$$

と因数分解できる．ただし，$\boxed{\text{ク}}<\boxed{\text{ケ}}$，$\boxed{\text{コ}}<\boxed{\text{サ}}$ とする．

2 因数分解〜多変数 ……………………… 標準解答時間　8分

(1)
$$a(b-c)+b(a-c)+c(a-b)$$
を因数分解すると ア になる.

ア の解答群

⓪ $a(b-c)$	① $b(a-c)$	② $2a(b-c)$	③ $2b(a-c)$

a, b, c は0でない実数とすると
$$a^2(b-c^2)+b(a^2-c^2)+c^2(a^2-b)=0$$
となるのは イ の場合である.

イ の解答群

⓪ $a=\pm b$	① $b=\pm c$	② $c=\pm a$	③ $a=b$

(2)
$$x^2y-(y+1)x-2y+2=\left(x-\boxed{ウ}\right)\left(xy+y-\boxed{エ}\right)$$
と因数分解できる.

よって
$$x^2y-(y+1)x-2y+2=x^2-2x$$
が成り立つのは
$$x=\boxed{オカ}\quad または\quad x=\boxed{キ}\quad または\quad y=\boxed{ク}$$
のときである.

3 いろいろな対称式 ……………………… 標準解答時間　4分

$a=\dfrac{\sqrt{6}+\sqrt{2}}{2}$，$b=\dfrac{\sqrt{6}-\sqrt{2}}{2}$ のとき，

$$a+b=\sqrt{\boxed{\text{ア}}},\quad ab=\boxed{\text{イ}}.$$

$$a^2+b^2=\boxed{\text{ウ}}.$$

$$a^3+b^3=\boxed{\text{エ}}\sqrt{\boxed{\text{オ}}}.$$

$$a^5+b^5=\boxed{\text{カキ}}\sqrt{\boxed{\text{ク}}}.$$

4　1次不等式　……………………………… 標準解答時間　4分

不等式

$$2x>5x-6, \quad \cdots\cdots①$$

$$x \geqq a \quad (a \text{は実数の定数}) \quad \cdots\cdots②$$

について，①の解は

$$x< \boxed{\text{ア}}$$

となる．

①と②をともに満たす実数 x が存在するには，定数 a のとり得る値の範囲は

$$a< \boxed{\text{イ}}$$

となる．

①と②をともに満たす整数 x が存在するには，定数 a のとり得る値の範囲は

$$a \leqq \boxed{\text{ウ}}$$

となる．

すべての実数 x が①または②を満たすには，定数 a のとり得る値の範囲は

$$a \leqq \boxed{\text{エ}}$$

となる．

5 1次不等式～係数に文字

…………… 標準解答時間 8分

a は実数の定数とする．x の不等式

$$a(x-1) \geqq 2(x-1) \quad \cdots\cdots ①$$

の解が実数全体になるとき，$a=$ ア である．

①の解は，$a>$ ア のとき x イ ウ であり，$a<$ ア のときは x エ ウ である．

イ と エ の解答群（同じものを繰り返し選んでもよい．）

⓪ $\geqq$	① $>$	② $\leqq$	③ $<$

連立不等式

$$\begin{cases} a(x-1) \geqq 2(x-1), \\ ax \leqq 7 \end{cases}$$

の解が ウ $\leqq x \leqq 3$ となるとき，$a=\dfrac{\text{オ}}{\text{カ}}$ である．

6 絶対値 ……………………………… 標準解答時間　4分

方程式　$|x|+2x-3=6$ の解は,

$$x=\boxed{\text{ア}}.$$

不等式 $|x|+|2x-3|<6$ の解は,

$$\boxed{\text{イウ}}<x<\boxed{\text{エ}}.$$

7 集合と要素の個数 ……………………… 標準解答時間 4分

1から100までの整数について考えることにする.

このうち3の倍数は アイ 個あり, 4の倍数は ウエ 個ある.

3の倍数または4の倍数となるものは オカ 個ある.

3か4か11の少なくとも一つで割り切れる整数は キク 個ある.

8 逆・裏・対偶 ……………………… 標準解答時間　4分

x は実数を表すとする．

命題 P「$x>3$ ならば $x^2>1$」

について，

逆は「 ア ならば イ 」
裏は「 ウ ならば エ 」
対偶は「 オ ならば カ 」

となる．

ア ～ カ の解答群（同じものを繰り返し選んでもよい．）

⓪ $x>3$	① $x\geqq 3$	② $x<3$	③ $x\leqq 3$
④ $x^2>1$	⑤ $x^2\geqq 1$	⑥ $x^2<1$	⑦ $x^2\leqq 1$

また，P は キ となり，逆は ク ，裏は ケ ，対偶は コ となる．

キ ～ コ の解答群（同じものを繰り返し選んでもよい．）

⓪ 真	① 偽	② 真偽は定まらない

9 必要条件と十分条件(1) ……………… 標準解答時間　8分

以下の問いに答えよ．ただし，x，y，z は実数とする．

(1) $x+y$ と xy がともに有理数であることは，x と y がともに有理数であるために [ア].

(2) $x+y>2$ かつ $xy>1$ であることは，$x>1$ かつ $y>1$ であるために [イ].

(3) $xy=0$ であることは，$x^2+y^2=0$ であるために [ウ].

(4) $xyz \neq 0$ のとき，$x+y+z=\dfrac{1}{x}+\dfrac{1}{y}+\dfrac{1}{z}=1$ であることは，x，y，z のうち少なくとも1つが1に等しくなるために [エ].

[ア] ～ [エ] の解答群（同じものを繰り返し選んでもよい.）

⓪ 必要十分である

① 必要であるが十分でない

② 十分であるが必要でない

③ 必要でも十分でもない

10 必要条件と十分条件 (2) …………… 標準解答時間　12分

以下の問いに答えよ．ただし，x，y，z は実数とする．

(1) $x^2=1$ であることは $x=1$ であるための [ア].

(2) $xy=0$ であることは $|x-y|=|x+y|$ であるための [イ].

(3) $x+y<0$ かつ $y+z<0$ かつ $z+x<0$ であることは $x+y+z<0$ であるための [ウ].

(4) $x^2(y-z)+y^2(z-x)+z^2(x-y)=0$ であることは $x=y=z$ であるための [エ].

(5) α，β は $0^\circ \leqq \alpha \leqq 180^\circ$，$0^\circ \leqq \beta \leqq 180^\circ$ を満たす角とするとき，$0^\circ \leqq \alpha < \beta < 90^\circ$ は，$\sin\alpha < \cos\beta$ であるための [オ].

[ア] ～ [オ] の解答群（同じものを繰り返し選んでもよい.）

⓪ 必要十分条件である
① 必要条件であるが十分条件ではない
② 十分条件であるが必要条件ではない
③ 必要条件でも十分条件でもない

11 反　例 ……………………………… 標準解答時間　4分

自然数 n に関する三つの条件 p, q, r を次のように定める.

p : n は2の倍数である

q : n は3の倍数である

r : n は5の倍数である

条件 p, q, r の否定をそれぞれ $\overline{p}$, $\overline{q}$, $\overline{r}$ で表す.

自然数10は命題 [ア] と [イ] の反例である.

[ア], [イ] の解答群（順序は問わない.）

⓪「$(p$ かつ $q) \Longrightarrow \overline{r}$」	①「$(p$ または $q) \Longrightarrow r$」
②「$r \Longrightarrow (p$ かつ $q)$」	③「$r \Longrightarrow (p$ かつ $\overline{q})$」
④「$(\overline{q}$ または $r) \Longrightarrow \overline{p}$」	⑤「$(\overline{p}$ または $\overline{r}) \Longrightarrow q$」

第２章
２次関数

<table>
<tr><th>問題／テーマ</th><th>標　準
解答時間</th><th>標準コース</th><th>じっくり
コース</th><th>特急コース</th></tr>
<tr><td>12.　グラフの概形</td><td>4分</td><td rowspan="3">第1日</td><td rowspan="3">第1日</td><td rowspan="4">第1日</td></tr>
<tr><td>13.　2次関数の最小値</td><td>8分</td></tr>
<tr><td>14.　2次関数の最大値</td><td>4分</td></tr>
<tr><td>15.　2次関数の最大値・最小値</td><td>8分</td><td rowspan="3">第2日</td><td rowspan="2">第2日</td></tr>
<tr><td>16.　2次方程式の応用</td><td>8分</td><td rowspan="5">第2日</td></tr>
<tr><td>17.　2次方程式の正の解・負の解</td><td>4分</td><td rowspan="2">第3日</td></tr>
<tr><td>18.　2次不等式</td><td>4分</td><td rowspan="3">第3日</td></tr>
<tr><td>19.　2次不等式の整数解</td><td>4分</td><td rowspan="2">第4日</td></tr>
<tr><td>20.　2次方程式，実数の整数部分と小数部分</td><td>8分</td></tr>
</table>

12 グラフの概形 ……………………… 標準解答時間　4分

(1)　$y=x^2+a$ のグラフを x 軸方向に1，y 軸方向に b だけ平行移動したら，$y=x^2+ax$ のグラフになった．このとき，$a=$ アイ，$b=$ ウ である．

(2)　放物線 C：$y=x^2+ax+b$ は点 $(0,\ 4)$ を通る．

C が x 軸と接するときは，$a=$ エ，オカ である．

C が x 軸から切り取る線分の長さが3以上となるときは，$a\leqq$ キク または $a\geqq$ ケ である．

13 2次関数の最小値 …………………… 標準解答時間　8分

$a(\neq 0)$, b, c, m, n を定数として,

$$f(x)=ax^2+bx+c,\quad g(x)=mx+n$$

とする.

$f(-2)=g(-2)=2$, $f(1)=g(1)=5$, かつ $f(x)$ の最小値が1であるならば,

(1) $m=$ [ア], $n=$ [イ] である.

(2) $a=$ [ウ], $b=$ [エ], $c=$ [オ],

または,

$$a=\frac{[カ]}{[キ]},\quad b=\frac{[クケ]}{[コ]},\quad c=\frac{[サシ]}{[ス]}$$

である.

14 2次関数の最大値 ……………………… 標準解答時間　4分

a, b を定数として，x の2次関数 $f(x)$ を

$$f(x)=ax^2+bx+2a-1 \quad (a \neq 0)$$

とおく．$f(x)$ は，$x=4$ のとき最大値 M をとるとする．

このとき，b を a で表すと，

$b=$ [アイ] a.

さらに，$f(1)=4$ であるとすると，

$a=$ [ウエ]，　$b=$ [オ]，　$M=$ [カキ].

15 2次関数の最大値・最小値 ………… 標準解答時間　8分

2次関数

$$y=x^2+2(a+2)x+2a+12$$

が，すべての x に対し $y>0$ となっているとき，

$$\boxed{アイ}<a<\boxed{ウ}.$$

さらに a が正の整数であれば，

$$a=\boxed{エ}$$

となり，$-4 \leqq x \leqq 4$ において，

y の最大値は $\boxed{オカ}$，

y の最小値は $\boxed{キ}$．

次に，b を4以下の定数とする．

$b \leqq x \leqq 4$ における y の最大値が $\boxed{オカ}$ になるような b の最小値は $\boxed{クケコ}$ である．

16 2次方程式の応用 …………………… 標準解答時間　8分

2つの放物線

$$C_1 : y=x^2-2ax+2a$$

$$C_2 : y=2x^2-4ax+16a-33$$

について，

(1)　C_1 は a の値によらず点 $\left(\boxed{\text{ア}},\ \boxed{\text{イ}}\right)$ を通る．

(2)　C_1 と C_2 の頂点が一致するとき

$$a=\boxed{\text{ウ}},\ \boxed{\text{エオ}}.$$

(3)　C_2 と x 軸との交点の x 座標を α, β $(\alpha<\beta)$ とすると，$(\beta-\alpha)^2$ の最小値は $\boxed{\text{カ}}$.

17 2次方程式の正の解・負の解 ……… 標準解答時間　4分

x の2次方程式

$$x^2-2(a+1)x-2a+6=0 \quad \cdots\cdots(*)$$

について

(1) 解をもつには，a の範囲は

$a\leqq$ [アイ]，[ウ] $\leqq a$

となる.

(2) 正の解と負の解をもつには，$x=$ [エ] のときに(∗)の左辺が負になればよく，a の範囲は

$a>$ [オ]

となる.

18 2次不等式

……………………………… 標準解答時間　4分

(1)　不等式 $x^2-x-12<0$ と解くと，$\boxed{\text{アイ}}<x<\boxed{\text{ウ}}$ である．

(2)　x に関する2つの2次不等式

$$x^2-3>0,\quad x^2-2ax+a^2-1<0$$

を同時に満たす x が存在するような定数 a の値の範囲を求めると，

$$a<\boxed{\text{エ}}-\sqrt{\boxed{\text{オ}}},\quad \boxed{\text{カキ}}+\sqrt{\boxed{\text{ク}}}<a$$

である．

19 ２次不等式の整数解 ………………… 標準解答時間　4分

x の不等式

$$x^2-(a^2-1)x-a^2<0, \quad \cdots\cdots①$$

$$x^2+(a-4)x-4a>0 \quad \cdots\cdots②$$

について

(1)　①を解くと,

$$\boxed{\text{アイ}}<x<a^2.$$

(2)　①, ②をともに満たす x の整数値が存在しないような定数 a の範囲は,

$$\boxed{\text{ウ}}\leqq a\leqq\sqrt{\boxed{\text{エ}}}.$$

20 2次方程式, 実数の整数部分と小数部分　標準解答時間　8分

2次方程式

$$x^2-4x-3=0$$

の正の解は,

$$x=\boxed{\text{ア}}+\sqrt{\boxed{\text{イ}}}$$

である.

この整数部分を m, 小数部分を α とすると,

$$m=\boxed{\text{ウ}},\quad \alpha=\sqrt{\boxed{\text{エ}}}-\boxed{\text{オ}} \qquad \cdots\cdots ①$$

となる.

ただし, 一般に正の数 X について, $X=m+\alpha$ (m は整数, α は $0\leqq\alpha<1$ を満たす実数) となるとき, m を X の整数部分, α を X の小数部分と呼ぶ.

①の α が

$$x^2+px+q=0$$

の解となるように整数 p, q を定めると,

$$p=\boxed{\text{カ}},\quad q=\boxed{\text{キク}}$$

となる.

第3章
図形と計量

<table>
<tr><th>問題／テーマ</th><th>標　準
解答時間</th><th>標準コース</th><th>じっくり
コース</th><th>特急コース</th></tr>
<tr><td>21. 三角比の定義</td><td>8分</td><td rowspan="3">第1日</td><td rowspan="2">第1日</td><td rowspan="4">第1日</td></tr>
<tr><td>22. 正弦定理，余弦定理</td><td>12分</td></tr>
<tr><td>23. 外接円，内接円の半径</td><td>12分</td><td rowspan="2">第2日</td></tr>
<tr><td>24. 余弦定理，三角形の面積</td><td>12分</td><td rowspan="2">第2日</td></tr>
<tr><td>25. 内接円の半径</td><td>12分</td><td>第3日</td><td rowspan="3">第2日</td></tr>
<tr><td>26. 相似の利用</td><td>8分</td><td rowspan="2">第3日</td><td>第4日</td></tr>
<tr><td>27. 円に内接する四角形</td><td>12分</td><td>第5日</td></tr>
</table>

21 三角比の定義 ……………………… 標準解答時間　8分

(1)　$0° < \theta < 90°$ を満たす θ に対して $\tan\theta = 2$ が成り立つとき,

$$\frac{1}{1+\cos\theta} + \frac{1}{1-\cos\theta} = \frac{\boxed{\text{ア}}}{\boxed{\text{イ}}}$$

である.

(2)　三角形 ABC において, $\angle B = 3\angle A$, $\angle C = 8\angle A$ ならば,

$$\angle A = \boxed{\text{ウエ}}°,\quad \angle B = \boxed{\text{オカ}}°,\quad \angle C = \boxed{\text{キクケ}}°$$

であり,

$$BC : CA : AB = \left(\sqrt{\boxed{\text{コ}}} - \boxed{\text{サ}}\right) : \boxed{\text{シ}} : \sqrt{\boxed{\text{ス}}}$$

である.

22 正弦定理，余弦定理 …………………… 標準解答時間　12分

三角形ABCにおいて，AB=2，BC=3，CA=4とし，辺BCを1：2の比に内分する点をD，さらに，線分ADを2：1の比に内分する点をEとする．このとき，

(1) $\cos\angle\mathrm{ABC}=\dfrac{\boxed{\text{アイ}}}{\boxed{\text{ウ}}}$ である．

(2) 三角形ABCの外接円の半径は

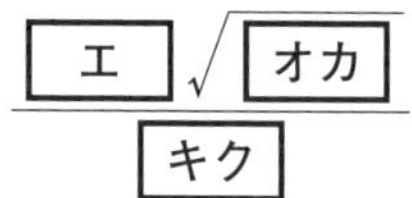

$$\frac{\boxed{\text{エ}}\sqrt{\boxed{\text{オカ}}}}{\boxed{\text{キク}}}$$

である．

(3) 線分ADの長さは $\sqrt{\boxed{\text{ケ}}}$ である．

(4) $\cos\angle\mathrm{BDA}=\dfrac{\sqrt{\boxed{\text{コ}}}}{\boxed{\text{サ}}}$ である．

(5) 線分BEの長さは $\dfrac{\sqrt{\boxed{\text{シ}}}}{\boxed{\text{ス}}}$ である．

23 外接円，内接円の半径 ……………標準解答時間　12分

三角形 ABC において，

$\angle\mathrm{BAC}=120^\circ$，$\mathrm{AB}>\mathrm{AC}$，$\mathrm{BC}=\sqrt{61}$，(三角形 ABC の面積)$=5\sqrt{3}$

であるならば，

(1) $\mathrm{AB}=$ [ア]，$\mathrm{AC}=$ [イ]

である．

(2) 三角形 ABC の外接円の半径を R，内接円の半径を r とすると，

$$R=\frac{\sqrt{\boxed{\text{ウエオ}}}}{\boxed{\text{カ}}},\quad r=\frac{\sqrt{\boxed{\text{キ}}}\left(\boxed{\text{ク}}-\sqrt{\boxed{\text{ケコ}}}\right)}{\boxed{\text{サ}}}$$

である．

24 余弦定理，三角形の面積 …………標準解答時間　12分

三角形ABCの頂点A，B，Cから対辺へ下ろした3つの垂線の長さがそれぞれ15，12，10である．いま，3辺の長さを

$$\mathrm{BC}=a,\quad \mathrm{CA}=b,\quad \mathrm{AB}=c$$

とするとき，

(1)
$$a:b:c=4:\boxed{\text{ア}}:\boxed{\text{イ}}$$

である．

(2)
$$\cos A=\frac{\boxed{\text{ウ}}}{\boxed{\text{エ}}}$$

である．

(3)
$$a=\frac{\boxed{\text{オカ}}\sqrt{\boxed{\text{キ}}}}{\boxed{\text{ク}}},\quad b=\frac{\boxed{\text{ケコ}}\sqrt{\boxed{\text{キ}}}}{\boxed{\text{ク}}},$$

$$c=\frac{\boxed{\text{サシ}}\sqrt{\boxed{\text{キ}}}}{\boxed{\text{ク}}}$$

である．

25 内接円の半径 ……………………… 標準解答時間 12分

$\angle A=120°$ である三角形ABCがあって，その内接円が3辺AB，BC，CAにそれぞれ点P，Q，Rで接している．BQ=1，QC=2のとき，

(1) BP= ア ，CR= イ である．

(2) $AP=\dfrac{\sqrt{\text{ウエオ}}-\text{カ}}{\text{キ}}$ である．

(3) 三角形ABCの面積は $\dfrac{\text{ク}\sqrt{\text{ケ}}}{\text{コ}}$ である．

(4) 内接円の半径は $\dfrac{\sqrt{\text{サシ}}-\text{ス}\sqrt{\text{セ}}}{\text{ソ}}$ である．

26 相似の利用 ……………………………… 標準解答時間　8分

三角形 ABC において，$AB=3$，$BC=10$，$\angle B=60^\circ$ である．

いま，辺 BC を 2：3 の比に内分する点を D とし，A と D を通る直線と三角形 ABC の外接円との交点のうち A でないものを E とする．このとき，

(1) $AC=\sqrt{\boxed{アイ}}$，$AD=\sqrt{\boxed{ウエ}}$

である．

(2) $AE=\dfrac{\boxed{オカ}\sqrt{\boxed{キク}}}{\boxed{ケコ}}$，$CE=\dfrac{\boxed{サシ}\sqrt{\boxed{キク}}}{\boxed{ケコ}}$

である．

27 円に内接する四角形 ……………… 標準解答時間　12分

半径 $\sqrt{6}$ の円に内接する四角形ABCDがあって，

$$\angle \mathrm{ACD}=45^\circ,\quad \angle \mathrm{ADC}=60^\circ,\quad \mathrm{AB}=\mathrm{BC}$$

を満たしている．このとき，

(1)　$\mathrm{AC}=\boxed{\text{ア}}\sqrt{\boxed{\text{イ}}}$，$\mathrm{AD}=\boxed{\text{ウ}}\sqrt{\boxed{\text{エ}}}$

である．

(2)　$\mathrm{AB}=\mathrm{BC}=\sqrt{\boxed{\text{オ}}}$

である．

(3)　$\mathrm{BD}=\boxed{\text{カ}}+\sqrt{\boxed{\text{キ}}}$，$\mathrm{CD}=\boxed{\text{ク}}+\sqrt{\boxed{\text{ケ}}}$

である．

(4)　四角形ABCDの面積は $\dfrac{\boxed{\text{コ}}}{\boxed{\text{サ}}}+\boxed{\text{シ}}\sqrt{\boxed{\text{ス}}}$ である．

第 4 章
データの分析

<table>
<tr><th>問題／テーマ</th><th>標　準
解答時間</th><th>標準コース</th><th>じっくり
コース</th><th>特急コース</th></tr>
<tr><td>28. 中央値，四分位数，分散</td><td>8 分</td><td rowspan="3">第 1 日</td><td rowspan="2">第 1 日</td><td rowspan="4">第 1 日</td></tr>
<tr><td>29. 相　関</td><td>12分</td></tr>
<tr><td>30. 箱ひげ図</td><td>4 分</td><td rowspan="2">第 2 日</td></tr>
<tr><td>31. 外れ値</td><td>4 分</td><td rowspan="2">第 2 日</td></tr>
<tr><td>32. 散布図，ヒストグラム</td><td>12分</td><td rowspan="2">第 3 日</td><td rowspan="4">第 2 日</td></tr>
<tr><td>33. 変数変換</td><td>8 分</td><td rowspan="3">第 3 日</td></tr>
<tr><td>34. 仮説検定(1)</td><td>4 分</td><td rowspan="2">第 4 日</td></tr>
<tr><td>35. 仮説検定(2)</td><td>8 分</td></tr>
</table>

28 中央値，四分位数，分散 …………… 標準解答時間　8分

5人が10点満点の小テストを受けた．5人の得点を小さい順に並べると

0点，4点，x点，7点，y点

となり，中央値は5点，第3四分位数は8点となった．

このとき，x= ア ，第1四分位数は イ 点，最高点は ウ 点である．

したがって，5人の得点の平均値は エ . オ 点であり，分散は カ . キ である．

ただし，小数の形で解答する場合，指定された桁(けた)数の一つ下の桁を四捨五入し解答せよ．

29 相　関 ……………………………… 標準解答時間　12分

5人の生徒がテストAとテストBを受けた．それぞれ10点満点のテストであり，その得点は次の表のようになった．

生　徒	①	②	③	④	⑤
テストA	2	4	5	6	8
テストB	3	5	1	7	9

以下の問では $\sqrt{2}=1.414$ とし，小数点以下第2位を四捨五入して答えよ．

テストAの得点の平均値は ［ア］.［イ］ 点，分散は ［ウ］.［エ］，標準偏差は ［オ］.［カ］ である．

テストBの得点の平均値は ［キ］.［ク］ 点，分散は ［ケ］.［コ］，標準偏差は ［サ］.［シ］ である．

テストAの得点とテストBの得点の相関係数は ［ス］.［セ］ である．

30 箱ひげ図 ……………………… 標準解答時間　4分

5人が10点満点のテストを受けた.

この5人の得点の箱ひげ図は次のようになった. ただし, 得点はすべて0以上の整数である.

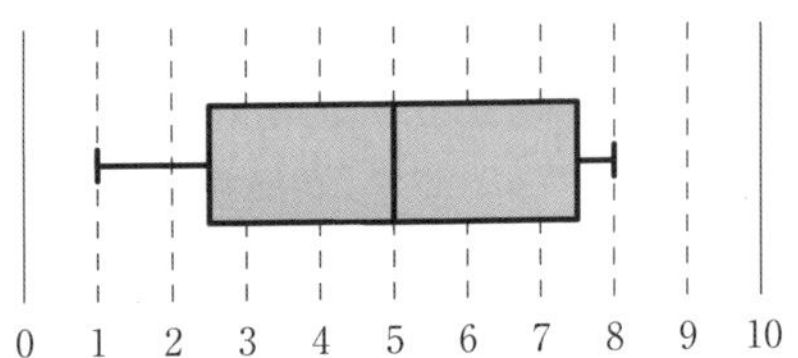

したがって, 5人の得点は小さい順に1点, [ア]点, [イ]点, [ウ]点, 8点である.

平均値は[エ].[オ]点であり, 分散は[カ].[キ]である.

この後, 遅刻した1人が新たにこのテストを受けたので, 合計6人の得点の箱ひげ図は次のようになった.

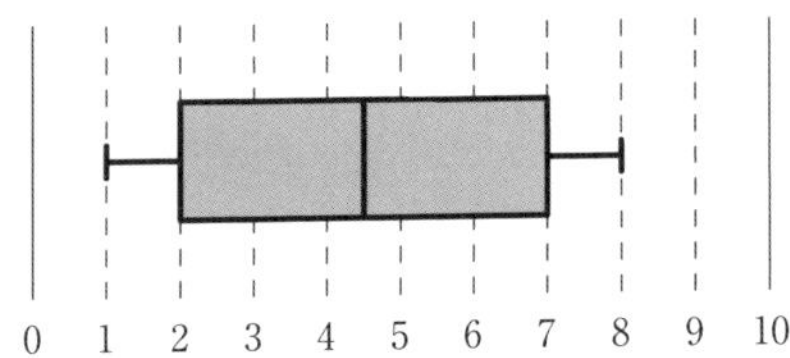

後からテストを受けた者の得点は[ク]点である.

31 外れ値 ………………………… 標準解答時間　4分

ある高校のクラス40名が数学，英語，国語，物理，地理のテストを受け，その結果を箱ひげ図にまとめると次のようになった．

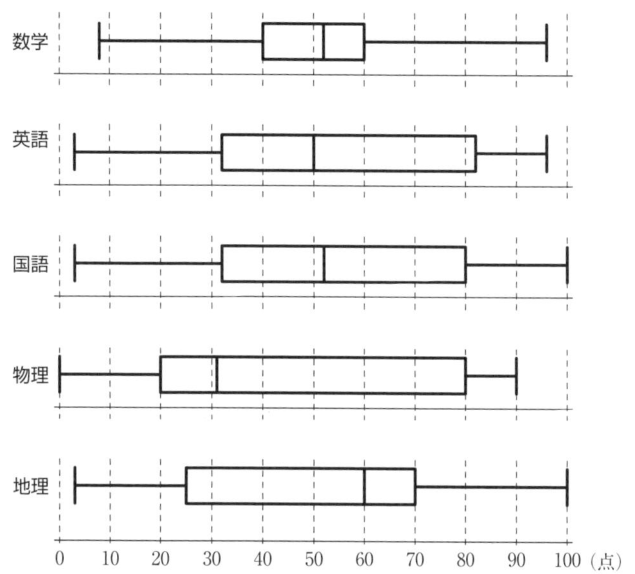

このデータについて外れ値を

(第1四分位数$-1.5\times$四分位範囲) 以下の値

(第3四分位数$+1.5\times$四分位範囲) 以上の値

と定める．

第3四分位数が最大である科目は [ア] であり，四分位範囲が最大である科目は [イ] である．外れ値が存在する科目は [ウ] である．

[ア] ～ [ウ] の解答群（同じものを繰り返し選んでもよい．）

⓪ 数学	① 英語	② 国語
③ 物理	④ 地理	

32 散布図，ヒストグラム ……………… 標準解答時間 12分

40人の生徒がテストAとテストBの二つの試験を受けた．それぞれ100点満点の試験であり，その結果から，度数をまとめた相関表を作ったところ，次のようになった．

例えば，相関表中の 6 は，テストAが40点以上60点未満でテストBが40点以上60点未満の生徒が6人であることを表している．

ただし，テストAもテストBも100点の生徒はいなかった．

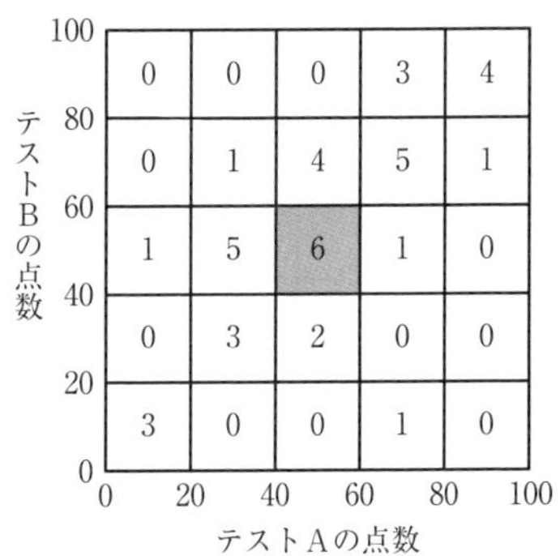

テストBの点数＼テストAの点数	0–20	20–40	40–60	60–80	80–100
80–100	0	0	0	3	4
60–80	0	1	4	5	1
40–60	1	5	6	1	0
20–40	0	3	2	0	0
0–20	3	0	0	1	0

(1) このとき，テストAの得点のヒストグラムは [ア] であり，テストBの得点のヒストグラムは [イ] である．

[ア] と [イ] の解答群（同じものを繰り返し選んでもよい．）

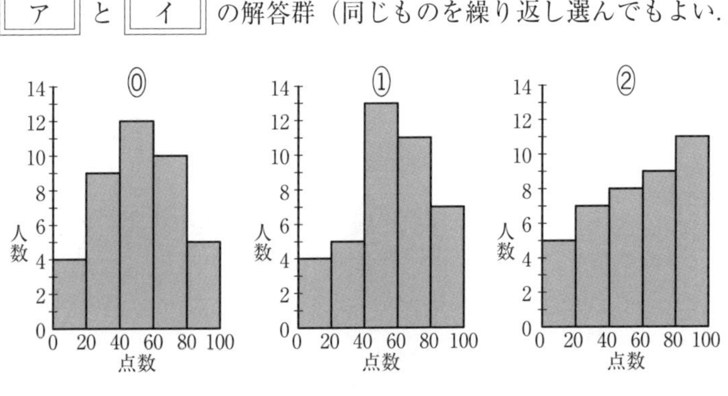

（次ページに続く．）

(2) テストＡの得点とテストＢの得点の散布図は **ウ** である．

ウ の解答群

⓪
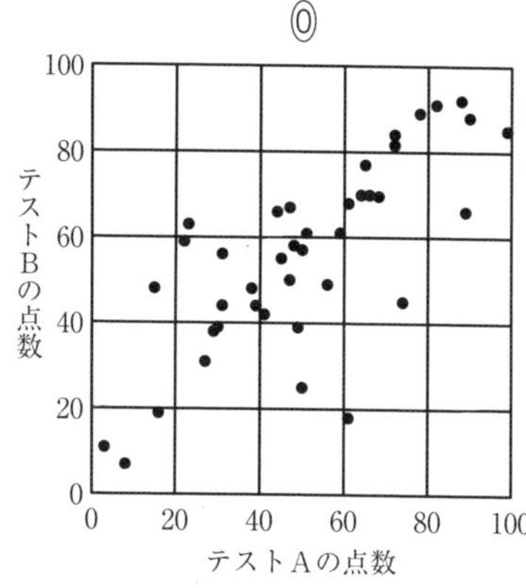

①
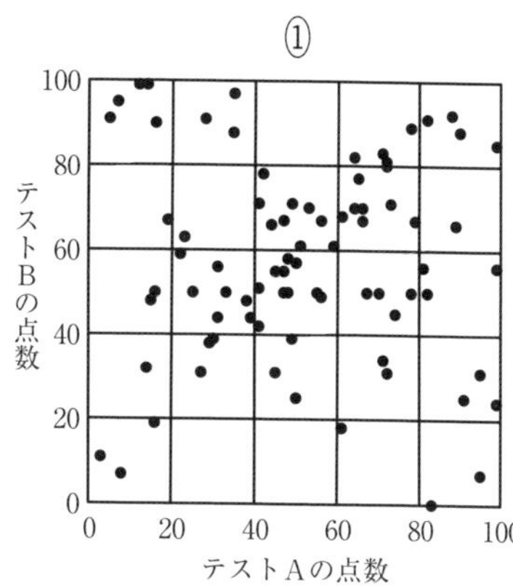

②
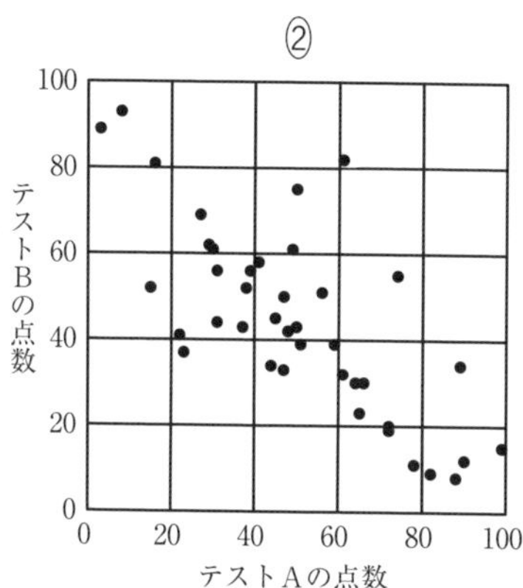

③
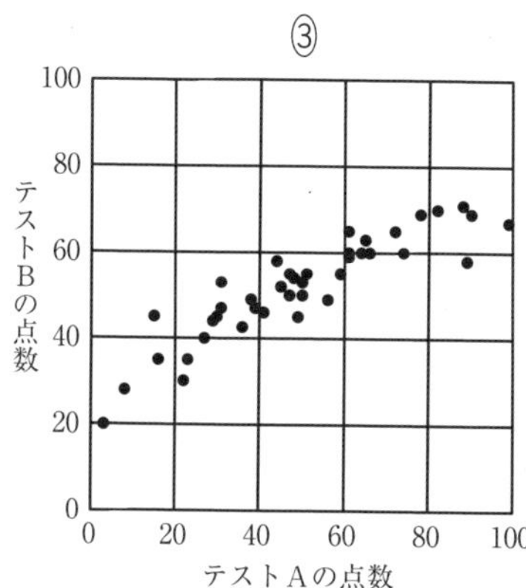

(3) テストＡとテストＢの得点の相関係数に最も近い値は **エ** である．

エ の解答群

⓪ -1.5	① -0.9	② -0.7	③ 0.0
④ 0.7	⑤ 0.9	⑥ 1.5	

(次ページに続く．)

(4) テストＡとテストＢの得点について オ という傾向があると考えられる．

オ の解答群

⓪ 正の相関があり，テストＡの得点が高いほどテストＢの得点が高い
① 正の相関があり，テストＡの得点が高いほどテストＢの得点が低い
② 負の相関があり，テストＡの得点が高いほどテストＢの得点が高い
③ 負の相関があり，テストＡの得点が高いほどテストＢの得点が低い
④ 相関はほとんどなく，テストＡの得点によってテストＢの得点は影響を受けない

33 変数変換 ……………………… 標準解答時間　8分

変量 X について，平均値 $E(X)$ と分散 $V(X)$ は

$$E(X)=10,\quad V(X)=16$$

を満たしている．

また，変量 Y について，平均値 $E(Y)$ と分散 $V(Y)$ は

$$E(Y)=15,\quad V(Y)=9$$

を満たして，X と Y の共分散は 9 である．

(1)　X の標準偏差は［ア］，Y の標準偏差は［イ］であり，X と Y の相関係数は［ウ］.［エオ］である．

(2)　変量 W，Z を

$$W=2X-5,\quad Z=3Y+5$$

と定める．

W の平均値は［カキ］，分散は［クケ］である．

W と Z の共分散は［コサ］であり，相関係数は［シ］.［スセ］である．

34 仮説検定(1) ……………………………… 標準解答時間　4分

花子さんが1枚の硬貨を11回投げたところ，表が9回出た．

そこで花子さんは

仮説 A：この硬貨はいびつである

という仮説を立てた．

「表が9回出たらいびつである」と判断できるのであれば，表が10回出た場合と11回出た場合もいびつであると判断できるから，この場合は

事象 E：11回投げて表が9回以上出る

が起きたと見なすことにする．仮説 A に反する仮説として

帰無仮説 B：この硬貨は表と裏が確率 $\frac{1}{2}$ ずつで出る

を考えることにした．

B が成り立つと仮定したとき，E が起こる確率は $\frac{\boxed{\text{アイ}}}{2048}$ である．

確率5％未満の事象は「ほとんど起こり得ない」と見なすことにすると，仮説 A は [ウ]．帰無仮説 B は [エ]．

[ウ]，[エ] の解答群（同じものを繰り返し選んでもよい．）

⓪ 成り立つと判断できる
① 成り立たないと判断できる
② 成り立つとも成り立たないとも判断できない

35 仮説検定(2) ……………………………… 標準解答時間　8分

太郎君はタコのエイト君を飼育して，あるサッカーの国際大会の試合の勝敗をエイト君に予想させることにした．ただし，この大会では引き分けはないものとする．

対戦する2カ国の国旗を別々に入れた2つのガラス瓶を用意し，エイト君のいる水槽に沈め，エイト君が入った瓶の国旗の国を「エイト君が勝つと予想した国」と見なすことにした．

この大会の5試合でエイト君に勝敗を予想させたところ，4試合で的中した．

そこで太郎君は

仮説 A：エイト君に予知能力がある

という仮説を立てた．

4試合で的中させて予知能力があると判断できるのであれば，5試合的中させても予知能力があると判断できるから，この場合は

事象 E：エイト君は4試合以上勝敗を的中させた

が起きたと見なすことにする．

仮説 A に反する仮説として

帰無仮説 B：エイト君は無作為に瓶を選んでいる

を考えることにした．

B が成り立つと仮定したとき，E が起こる確率は $\dfrac{\boxed{\text{ア}}}{\boxed{\text{イウ}}}$ である．

（次ページに続く．）

確率 5 % 未満の事象は「ほとんど起こり得ない」と見なすことにすると，仮説 A は [エ]．帰無仮説 B は [オ]．

[エ]，[オ] の解答群（同じものを繰り返し選んでもよい．）

⓪ 成り立つと判断できる
① 成り立たないと判断できる
② 成り立つとも成り立たないとも判断できない

第５章
場　合　の　数

<table>
<tr><th>問題／テーマ</th><th>標　準
解答時間</th><th>標準コース</th><th>じっくり
コース</th><th>特急コース</th></tr>
<tr><td>36. 順　列</td><td>8分</td><td rowspan="2">第1日</td><td rowspan="2">第1日</td><td rowspan="3">第1日</td></tr>
<tr><td>37. 整数を数え上げる</td><td>12分</td></tr>
<tr><td>38. 重複順列</td><td>12分</td><td rowspan="3">第2日</td><td rowspan="2">第2日</td></tr>
<tr><td>39. 組合せ（図形の個数の問題）</td><td>8分</td><td rowspan="4">第2日</td></tr>
<tr><td>40. 組分けの問題</td><td>8分</td><td rowspan="2">第3日</td></tr>
<tr><td>41. 同じものを含む順列</td><td>12分</td><td rowspan="3">第3日</td></tr>
<tr><td>42. 最短経路の問題</td><td>12分</td><td rowspan="2">第4日</td></tr>
<tr><td>43. 順列の応用</td><td>8分</td><td rowspan="4">第3日</td></tr>
<tr><td>44. 円順列</td><td>4分</td><td rowspan="3">第4日</td><td rowspan="2">第5日</td></tr>
<tr><td>45. 同じものを含む円順列</td><td>8分</td></tr>
<tr><td>46. 重複組合せ</td><td>12分</td><td>第6日</td></tr>
</table>

36 順　列 ……………………………… 標準解答時間　8分

6個の文字 a, b, c, d, e, f を一列に並べるとき，

(1) a と b とが隣り合うような並べ方は [アイウ] 通りある．

(2) a と b の間に他の文字が少なくとも1個はいっているような並べ方は [エオカ] 通りある．

(3) a と b の間に他の文字が少なくとも2個はいっているような並べ方は [キクケ] 通りある．

37 整数を数え上げる ……………………… 標準解答時間　12分

0, 1, 2, 3, 4, 5の6個の数字を全部並べてできる6桁の整数について,

(1)　それらは全部で アイウ 個ある.

(2)　偶数は全部で エオカ 個ある.

(3)　5の倍数は全部で キクケ 個ある.

(4)　3の倍数は全部で コサシ 個ある.

(5)　小さい方から数えて123番目の整数は スセソタチツ である.

38 重複順列 ……………………… 標準解答時間　12分

大きさが相異なり区別のできる10個のサイコロを同時に投げ，出た目の数の積をXとする.

(1)　$1 \leqq X \leqq 6$となる目の出方は アイウ 通りある.

(2)　$X=2^{20}$，$X=2^{17}$となる目の出方は，それぞれ エ 通りと オカキ 通りある.

(3)　Xが10で割り切れるような目の出方は

$$6^{10}+\boxed{\text{ク}}^{10}-\boxed{\text{ケ}}^{10}-\boxed{\text{コ}}^{10}\text{通り}$$

ある．ただし，ケ ＜ コ とする.

39 組合せ(図形の個数の問題) ………… 標準解答時間　8分

下図のように，距離が1で等間隔に並んだ6本の平行な直線の組と，それに直交して距離が1で等間隔に並んだ5本の直線の組がある．

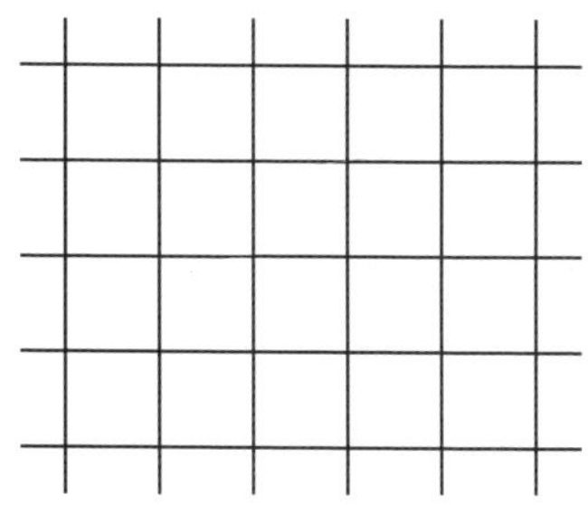

これらの2つの組の直線によって作られる長方形（正方形も含む）について，

(1) 1辺の長さが1の正方形は［アイ］個あり，1辺の長さが2の正方形は［ウエ］個ある．

(2) 正方形は全部で［オカ］個ある．

(3) 正方形でない長方形は全部で［キクケ］個ある．

40 組分けの問題 ………………………… 標準解答時間　8分

1, 2, 3, 4, 5, 6, 7, 8, 9の合計9個の数字を，4個の数字の組と5個の数字の組とに分ける．

(1) このような分け方は全部で アイウ 通りある．

(2) 数字1と数字2が同じ組に入るような分け方は全部で エオ 通りある．

(3) 数字1と数字2と数字3が同じ組に入るような分け方は全部で カキ 通りある．

(4) 数字1と数字2が同じ組に入り，数字3がそれとは別の組に入るような分け方は全部で クケ 通りある．

41 同じものを含む順列 ………………… 標準解答時間　12分

1, 2, 3, 4のうちから重複を許して6個の数字を選び，それを並べた順列を考える．

(1) 2種類の相異なる数字が，一方は2個，他方は4個であるのは **アイウ** 通りある．2種類の相異なる数字が3個ずつであるのは **エオカ** 通りある．

(2) 3種類の相異なる数字が2個ずつであるのは **キクケ** 通りある．

(3) どの数字もそれ以外の5つの数字のどれかに等しいのは **コサシ** 通りある．

42 最短経路の問題 ······················ 標準解答時間　12分

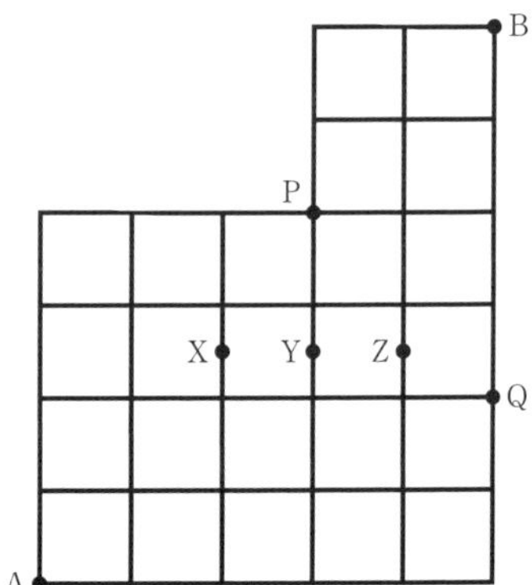

右図のような格子状の街路がある．AからBへの最短経路を考えるとき

(1) 点Pを通るものは アイウ 通りあり，点Qを通るものは エオ 通りある．全体では カキク 通りである．

(2) X，Y，Zの3地点が通行止めであれば，全体で ケコサ 通りになる．

43 順列の応用 ……………………………… 標準解答時間　8分

A, B, C, D, E の5人に, はがきを出す. そのはがきは3種類あり, 各種類とも十分な枚数があるとする.

(1) 5人に1枚ずつはがきを出すことにして, しかもどの種類のはがきも少なくとも1枚使う場合, はがきの出し方は **アイウ** 通りある.

(2) 5人にそれぞれ1枚以上のはがきを出すことにして, しかも同じ人に同じ種類のはがきを2枚以上は出さないことにする. また, 1枚も使われない種類のはがきがあってもよいことにする. この場合, はがきの出し方は **エオカキク** 通りある.

44 円 順 列 …………………………… 標準解答時間 4分

男子 4 人と女子 3 人がいる．この 7 人が円周上に並ぶ.

(1) 並び方は全部で [アイウ] 通りである.

(2) 女子 3 人が続いて並ぶ並び方は [エオカ] 通りである.

(3) どの男子も隣りに少なくとも 1 人女子がいるという並び方は [キクケ] 通りである.

45 同じものを含む円順列 ……………… 標準解答時間　8分

白石5個と黒石4個と真珠1個がある．

(1) 1列に並べる方法は **アイウエ** 通りある．

(2) 円周上に並べる方法は **オカキ** 通りある．このうち，裏返しても変わらないような並べ方は **ク** 通りである．

(3) ひもを通してネックレスを作るとする．回転したり裏返したりして一致するようなネックレスは同じものとみなすことにすれば，ネックレスの作り方は全部で **ケコ** 通りである．

46 重複組合せ ……………………………… 標準解答時間　12分

箱Aには1から4までの整数が書かれたカードが1枚ずつ合計4枚のカードがあり，箱Bには1から8までの整数が書かれたカードが1枚ずつ合計8枚のカードがあり，箱Cにも1から8までの整数が書かれたカードが1枚ずつ合計8枚のカードがある．

それぞれの箱からカードを1枚ずつ取り出し，箱A，B，Cから取り出したカードの番号をそれぞれa，b，cとする．

(1)　$a>b$となるようなa，bの組(a, b)は全部で［ア］通りである．

(2)　$a \geqq b$となるようなa，bの組(a, b)は全部で［イウ］通りである．

(3)　$a \geqq b \geqq c$となるようなa，b，cの組(a, b, c)は全部で［エオ］通りである．

(4)　$a \leqq b \leqq c$となるようなa，b，cの組(a, b, c)は全部で［カキク］通りである．

第 6 章
確　　　　率

<table>
<tr><th>問題／テーマ</th><th>標　準
解答時間</th><th>標準コース</th><th>じっくり
コ ー ス</th><th>特急コース</th></tr>
<tr><td>47. 確率の基本</td><td>8 分</td><td rowspan="3">第 1 日</td><td rowspan="2">第 1 日</td><td rowspan="4">第 1 日</td></tr>
<tr><td>48. 最大数の確率</td><td>8 分</td></tr>
<tr><td>49. カードの確率</td><td>12分</td><td rowspan="2">第 2 日</td></tr>
<tr><td>50. 球の確率</td><td>8 分</td><td rowspan="3">第 2 日</td></tr>
<tr><td>51. 反復試行の確率(1)</td><td>8 分</td><td rowspan="2">第 3 日</td><td rowspan="5">第 2 日</td></tr>
<tr><td>52. 反復試行の確率(2)</td><td>8 分</td></tr>
<tr><td>53. 条件付き確率(1)</td><td>8 分</td><td rowspan="3">第 3 日</td><td rowspan="2">第 4 日</td></tr>
<tr><td>54. 条件付き確率(2)</td><td>8 分</td></tr>
<tr><td>55. 期待値</td><td>8 分</td><td>第 5 日</td></tr>
</table>

47 確率の基本 ……………………………… 標準解答時間　8分

1から5までの数字をカード1枚につき1つずつ記入した合計5枚のカードが箱の中に入っている．この箱の中から無作為にカードを1枚取り出して数字を調べて元に戻す．この操作を3回繰り返し，取り出されたカードに記された数を順に a，b，c とする．このとき，

(1)　$a\times b\times c$ が偶数である確率は

$$\frac{\boxed{\text{アイ}}}{\boxed{\text{ウエオ}}}$$

である．

(2)　$a+b+c$ が偶数である確率は，

$$\frac{\boxed{\text{カキ}}}{\boxed{\text{クケコ}}}$$

である．

(3)　$ab+bc+ca$ が偶数である確率は，

$$\frac{\boxed{\text{サシ}}}{\boxed{\text{スセソ}}}$$

である．

48 最大数の確率 ………………………… 標準解答時間 8分

3つのサイコロを同時に投げるとき,

(1) すべて同じ目となる確率は $\dfrac{\boxed{\text{ア}}}{\boxed{\text{イウ}}}$ である.

(2) すべて異なる目となる確率は $\dfrac{\boxed{\text{エ}}}{\boxed{\text{オ}}}$ である.

(3) 2つが同じ目で, 他の1つがそれと違った目となる確率は $\dfrac{\boxed{\text{カ}}}{\boxed{\text{キク}}}$ である.

(4) 出る目の数の最大値が4以下である確率は $\dfrac{\boxed{\text{ケ}}}{\boxed{\text{コサ}}}$ である.

(5) 出る目の数の最大値が4である確率は $\dfrac{\boxed{\text{シス}}}{\boxed{\text{セソタ}}}$ である.

49 カードの確率 ……………………… 標準解答時間　12 分

箱が 4 個あり，どの箱にも 1，2，3，4，5 の数字が 1 つずつ書いてあるカードが 5 枚入っている．1 個の箱からは 1 枚だけカードを取り出すことを 4 個の箱について行い，合計 4 枚のカードを取り出すとき，

(1)　4 枚とも同じ数字のカードである確率は $\dfrac{\boxed{ア}}{\boxed{イウエ}}$ である．

(2)　1 または 2 の数字のカードが含まれている確率は $\dfrac{\boxed{オカキ}}{\boxed{クケコ}}$ である．

(3)　同じ数字のカードが 2 枚ずつ 2 組ある確率は $\dfrac{\boxed{サシ}}{\boxed{スセソ}}$ である．

(ただし，(1)の場合は 2 枚ずつ 2 組あるとは考えない．)

(4)　4 枚のカードの数字の合計が 8 である確率は $\dfrac{\boxed{タ}}{\boxed{チツテ}}$ である．

50 球の確率 ……………………… 標準解答時間 8分

赤球8個と白球2個の合計10個の球の入っている袋がある．袋の中から3個の球を取り出し，次にその3個を元に戻さずに，袋の中の残りの7個から再び3個の球を取り出すことにする．このとき，

(1) 1回目に取り出された球の中に赤球が1個だけ含まれている確率は

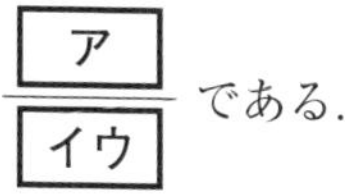

である．

(2) 1回目に取り出された球の中に，赤球がちょうど2個含まれている確率は $\dfrac{\boxed{\text{エ}}}{\boxed{\text{オカ}}}$ である．

(3) 1回目に赤球を3個取り出す確率は $\dfrac{\boxed{\text{キ}}}{\boxed{\text{クケ}}}$ である．

(4) 1回目と2回目のいずれも赤球3個を取り出す確率は $\dfrac{\boxed{\text{コ}}}{\boxed{\text{サシ}}}$ である．

(5) 1回目と2回目に取り出す赤球の個数が同じである確率は $\dfrac{\boxed{\text{ス}}}{\boxed{\text{セ}}}$ である．

51 反復試行の確率(1) ……………………… 標準解答時間 8分

A，B がサイコロを 1 個ずつ投げ，A は出た目の数を得点とし，B は出た目の数の 2 倍を得点とする．A の得点が B の得点より大きいかまたは等しい場合は A の勝ちとし，それ以外の場合は B の勝ちとする．これを 1 つのゲームとし，先に 3 勝した方を優勝とする．

(1) 1 つのゲームで A が勝つ確率は $\dfrac{\boxed{\text{ア}}}{\boxed{\text{イ}}}$ である．

(2) 3 ゲーム目で優勝が決まる確率は $\dfrac{\boxed{\text{ウ}}}{\boxed{\text{エオ}}}$ である．

(3) 5 ゲーム目で優勝が決まる確率は $\dfrac{\boxed{\text{カキ}}}{\boxed{\text{クケコ}}}$ である．

52 反復試行の確率(2) …………………… 標準解答時間 8分

数直線上において，はじめにAは原点にいて，Bは座標30の点にいる．1つのサイコロを投げ，1から4までの目が出れば，Aは正の方向へ1進み，Bは負の方向へ2進む．5か6の目が出れば，Aは正の方向へ2進み，Bは負の方向へ1進む．この試行を繰り返す．

(1) サイコロを6回投げたとき，Aが座標10の点にいる確率は $\dfrac{\boxed{\text{アイ}}}{\boxed{\text{ウエオ}}}$ である．

(2) AとBが出会う可能性があるのは，サイコロを $\boxed{\text{カキ}}$ 回投げたときであり，特に座標15の点で出会う確率は $\dfrac{\boxed{\text{クケコ}}}{\boxed{\text{サシスセ}}}$ である．

53 条件付き確率(1) …………………… 標準解答時間 8分

2 個のさいころを投げ，出た目の数の積を X とする．

X が 2 の倍数である確率は $\frac{\boxed{\text{ア}}}{\boxed{\text{イ}}}$，5 の倍数である確率は $\frac{\boxed{\text{ウエ}}}{\boxed{\text{オカ}}}$，10 の倍数である確率は $\frac{\boxed{\text{キ}}}{\boxed{\text{ク}}}$ である．

X が 5 の倍数であるという条件のもとで，X が 2 の倍数である条件付き確率は $\frac{\boxed{\text{ケ}}}{\boxed{\text{コサ}}}$ である．

54 条件付き確率(2) ……………………… 標準解答時間 8分

箱Aには赤玉が2個，白玉1個の合計3個の玉が入っていて，箱Bには赤玉が2個，白玉2個の合計4個の玉が入っている．また，空の袋が一つある．

箱Aから無作為に2個の玉を取り出し袋に入れ，箱Bから無作為に1個の玉を取り出し袋に入れた後，袋の中の3個の玉から無作為に1個の玉を取り出すという試行を行う．

このとき，次の問いに答えよ．

(1) 箱Aから赤玉を2個取り出す確率は $\dfrac{\boxed{ア}}{\boxed{イ}}$ である．

(2) 袋に3個の赤玉が入る確率は $\dfrac{\boxed{ウ}}{\boxed{エ}}$ である．

(3) 袋から赤玉を取り出す確率は $\dfrac{\boxed{オカ}}{\boxed{キク}}$ である．

(4) 袋から赤玉を取り出したという条件のもとで，その玉が箱Bに入っていた赤玉であるという条件付き確率は $\dfrac{\boxed{ケ}}{\boxed{コサ}}$ である．

55 期　待　値　…………………………… 標準解答時間　8分

(1)　サイコロを2回振り，1回目の目を x，2回目の目を y とする．x の期待値は $\dfrac{\boxed{\text{ア}}}{\boxed{\text{イ}}}$，$y$ の期待値は $\dfrac{\boxed{\text{ウ}}}{\boxed{\text{エ}}}$ であり，$x+y$ の期待値は $\boxed{\text{オ}}$ である．

(2)　1から6までの整数が書かれたカードが1枚ずつ合計6枚ある．ここから無作為に1枚を取り出し，そこに書かれている数を X とする．このカードは元に戻さず残りの5枚から無作為に1枚取り出し，そこに書かれている数を Y とする．

X の期待値は $\dfrac{\boxed{\text{カ}}}{\boxed{\text{キ}}}$，$Y$ の期待値は $\dfrac{\boxed{\text{ク}}}{\boxed{\text{ケ}}}$ であり，$X+Y$ の期待値は $\boxed{\text{コ}}$ である．

(3)　1から6までの整数が書かれたカードが1枚ずつ合計6枚ある．ここから無作為に2枚を取り出し，そこに書かれている数の和を Z とする．この2枚のカードは元に戻さず残りの4枚から無作為に2枚取り出し，そこに書かれている数の和を W とする．

Z の期待値は $\boxed{\text{サ}}$，W の期待値は $\boxed{\text{シ}}$ であり，$Z+W$ の期待値は $\boxed{\text{スセ}}$ である．

第 7 章
図 形 の 性 質

<table>
<tr><th>問題／テーマ</th><th>標準
解答時間</th><th>標準コース</th><th>じっくり
コース</th><th>特急コース</th></tr>
<tr><td>56. 合同な三角形</td><td>4分</td><td rowspan="2">第1日</td><td rowspan="2">第1日</td><td rowspan="4">第1日</td></tr>
<tr><td>57. 四角形が円に内接する条件</td><td>12分</td></tr>
<tr><td>58. チェバの証明</td><td>8分</td><td rowspan="3">第2日</td><td rowspan="2">第2日</td></tr>
<tr><td>59. メネラウスの証明</td><td>4分</td></tr>
<tr><td>60. チェバ，メネラウスの応用</td><td>8分</td><td rowspan="2">第3日</td><td rowspan="3">第2日</td></tr>
<tr><td>61. 方べきの定理，接弦定理</td><td>12分</td><td rowspan="2">第3日</td></tr>
<tr><td>62. トレミーの定理の証明</td><td>15分</td><td>第4日</td></tr>
</table>

56 合同な三角形 ………………………… 標準解答時間　4 分

右の図において，三角形 ABD と三角形 ACE は正三角形であり，

∠BAC＝50°，AC＝BC

とする．このとき

∠ABC＝ アイ °，

∠ADC＝ ウエ °，

∠ABE＝ オカ °，

∠CBE＝ キク °

である．

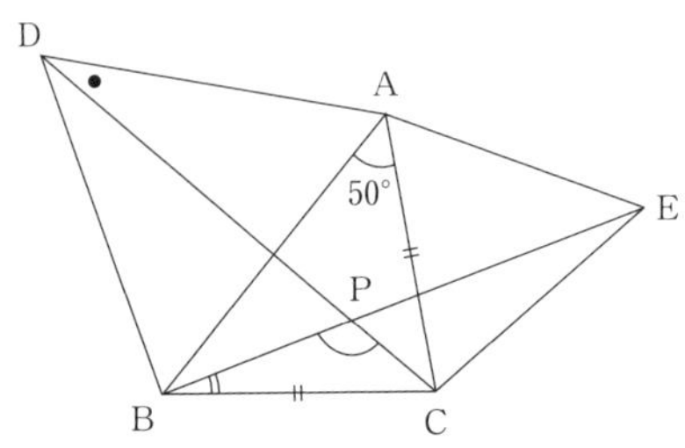

また，BE と CD の交点を P とすると

∠BPC＝ ケコサ °

である．

57 四角形が円に内接する条件 ………標準解答時間　12分

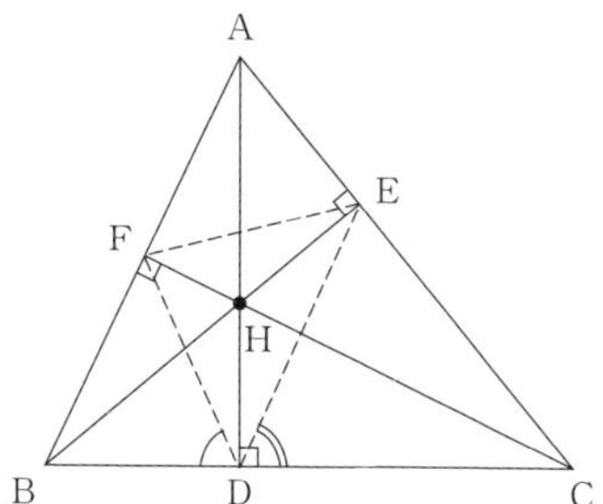

鋭角三角形ABCの頂点A，B，Cから対辺に下ろした垂線と対辺との交点をそれぞれD，E，Fとすると，AD，BE，CFは三角形ABCの内部の一点で交わることが知られていて，それを点Hとする．

∠BDFに等しいものとして最も適当なのは，［ア］である．

［ア］の解答群

⓪ ∠BHD	① ∠BAD	② ∠BHF	③ ∠BCF	④ ∠AHF

∠CDEに等しいものとして最も適当なのは，［イ］である．

［イ］の解答群

⓪ ∠CHE	① ∠CEH	② ∠FEH	③ ∠AEF	④ ∠AFE

点Hは三角形DEFについて，［ウ］となる．

［ウ］の解答群

⓪ 外心	① 内心	② 重心

58 チェバの証明 ………………………… 標準解答時間 8分

三角形ABCの内部に点Oを取り，CO，AO，BOのそれぞれの延長と対辺との交点を下図のようにP，Q，Rとする．

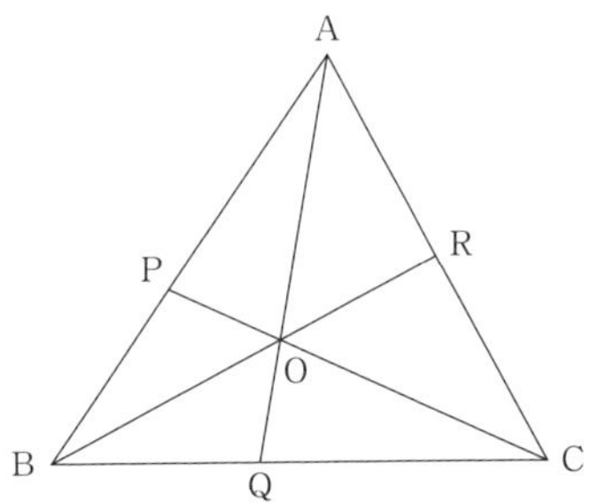

三角形OAB，OBC，OCAの面積について，

$$\frac{\triangle OAB}{\triangle OBC}=\frac{\boxed{ア}}{\boxed{イ}},\quad \frac{\triangle OBC}{\triangle OCA}=\frac{\boxed{ウ}}{\boxed{エ}},\quad \frac{\triangle OCA}{\triangle OAB}=\frac{\boxed{オ}}{\boxed{カ}}$$

となる．

ア ～ カ の解答群（同じものを繰り返し選んでもよい.）

⓪ AP	① PB	② BQ
③ QC	④ CR	⑤ RA

これより，

$$\frac{AP}{PB}\cdot\frac{BQ}{QC}\cdot\frac{CR}{RA}=\boxed{キ}$$

となる．

59 メネラウスの証明 ……………………… 標準解答時間　4分

直線 l が三角形ABCの3辺またはその延長と図のように3点P，Q，Rで交わっている．

このとき，Aを通り l と平行な直線と直線BCとの交点をDとすると，

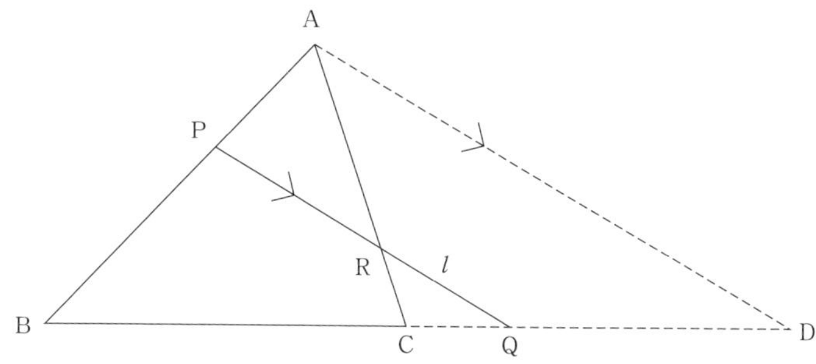

$$\frac{\mathrm{AP}}{\mathrm{PB}}=\frac{\boxed{ア}}{\boxed{イ}},\quad \frac{\mathrm{CR}}{\mathrm{RA}}=\frac{\boxed{ウ}}{\boxed{エ}}$$

となる．

［ア］～［エ］の解答群（同じものを繰り返し選んでもよい．）

⓪ BC	① BQ	② BD
③ CQ	④ CD	⑤ QD

これより，

$$\frac{\mathrm{AP}}{\mathrm{PB}}\cdot\frac{\mathrm{BQ}}{\mathrm{QC}}\cdot\frac{\mathrm{CR}}{\mathrm{RA}}=\boxed{オ}$$

となる．

60 チェバ，メネラウスの応用 ………… 標準解答時間 8分

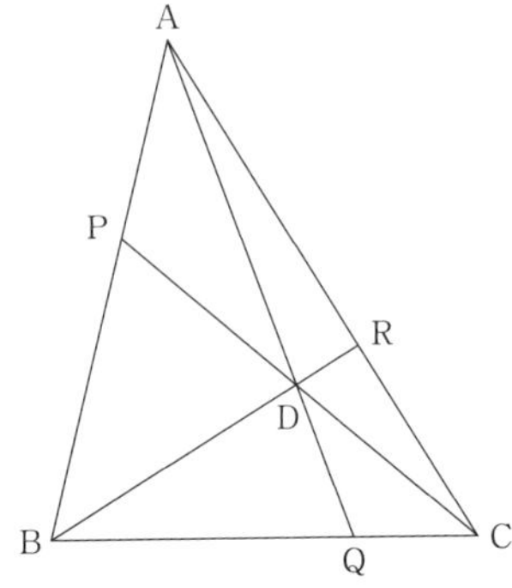

右図の三角形 ABC において，

$$\begin{cases} \mathrm{AP}:\mathrm{PB}=2:3, \\ \mathrm{AR}:\mathrm{RC}=5:3 \end{cases}$$

である．このとき，

BQ：QC＝ ア ： イ ，

AD：DQ＝ ウ ： エ ．

また，三角形 ABQ と三角形 ADR の面積比は，

オカ ： キ ．

61 方べきの定理，接弦定理 ……………… 標準解答時間　12分

(1)　円 K とその外部の点 A があり，

A を通る直線と円 K との交点を B，

C とするとき，

$$AB=1,\ BC=2$$

となった．

円 K 上に

$$AD=2$$

となる点 D をとり，直線 AD と円 K の D 以外の交点を E とすると，

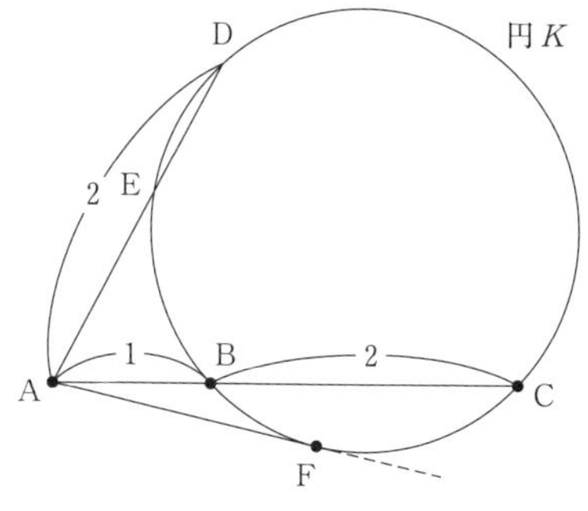

$$AE=\frac{\boxed{\text{ア}}}{\boxed{\text{イ}}}$$

となる．

また，A から円 K へ接線を引き，その接点を F とすると，

$$AF=\sqrt{\boxed{\text{ウ}}}$$

となる．

(2)　三角形 ABC は，

$$AB=\sqrt{2},\ AC=\sqrt{3}+1,\ \angle A=45^\circ$$

を満たしている．辺 CA 上に

$$CD=2$$

となる点 D をとり，B から辺 CA へ下ろした垂線と CA との交点を E とする．

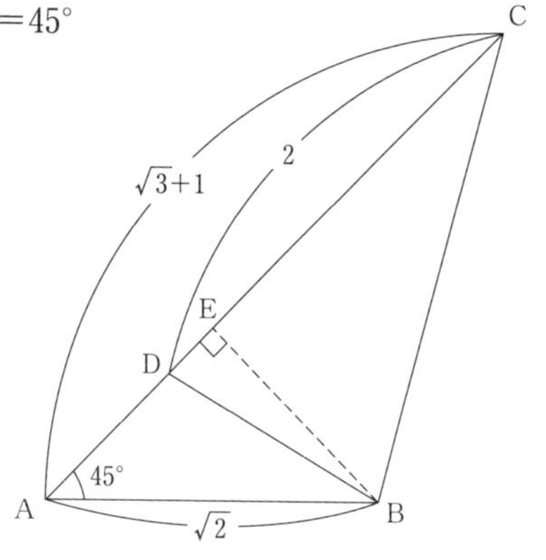

$$AB^2=\boxed{\text{エ}}$$

$$AC\cdot AD=\boxed{\text{オ}}$$

となる．

(次ページに続く.)

よって，直線 AB は [カ] と接するとわかる．

[カ] の解答群

⓪ B，C，D を通る円
① B，C，E を通る円
② B，D，E を通る円

$$\mathrm{BE}=\boxed{\text{キ}},\quad \mathrm{BC}=\boxed{\text{ク}},\quad \angle\mathrm{C}=\boxed{\text{ケコ}}^\circ$$

となり，

$$\angle\mathrm{ABD}=\boxed{\text{サシ}}^\circ$$

とわかる．

62 トレミーの定理の証明 ……………… 標準解答時間　15分

(1)　四角形ABCDの対角線の長さを

$$AC=l,\ BD=m$$

とし，2本の対角線がなす角を図のようにθとする．

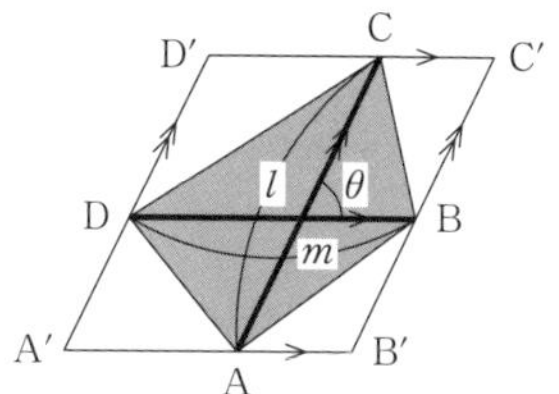

さらに平行四辺形A′B′C′D′を作り，

$$A'B' /\!/ BD,\ A'D' /\!/ AC$$

であり，かつ辺A′B′上にAがあり，辺B′C′上にBがあり，辺C′D′上にCがあり，辺D′A′上にDがあるとする．(上図参照)

このとき，

A′B′＝[ア]，A′D′＝[イ]，∠D′A′B′＝[ウ]

であり，平行四辺形A′B′C′D′の面積は[エ]，四角形ABCDの面積は[オ]となる．

[ア]～[オ]の解答群（同じものを繰り返し選んでもよい.）

⓪ l	① m	② $2l$
③ $2m$	④ θ	⑤ 2θ
⑥ $lm\sin\theta$	⑦ $\frac{1}{2}lm\sin\theta$	⑧ $\frac{1}{4}lm\sin\theta$

(次ページに続く.)

(2) 円に内接する四角形 ABCD があり，4 辺の長さを

$AB=a,\ BC=b,\ CD=c,\ DA=d$

とし，対角線の長さを

$AC=l,\ BD=m$

とする．(参考図 1 参照)

（参考図 1）

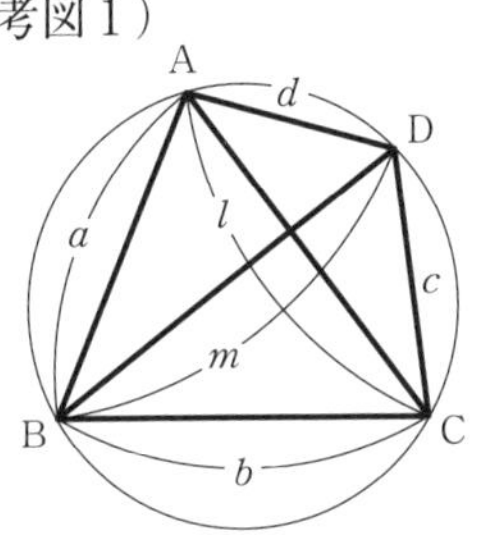

これらの長さの関係を調べよう．

四角形 ABCD の面積を S とする．

$\angle BAC=\alpha,\ \angle ABD=\beta$

とし，AC と BD の交点を点 E とする．

$\angle BEC=\alpha+\beta$ となることと

$S=\triangle ABE+\triangle BCE+\triangle CDE+\triangle DAE$

となることから，

（参考図 2）

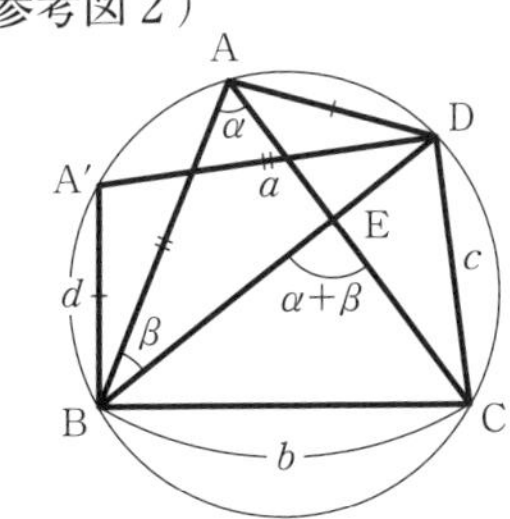

$$S=\frac{\boxed{\text{カ}}}{\boxed{\text{キ}}}lm\sin(\alpha+\beta) \qquad \cdots\cdots ①$$

である．

次に，$\overset{\frown}{BAD}$ 上に

$A'B=d,\ A'D=a$

となる点 A′ を取る。(参考図 2 参照)

(次ページに続く.)

△ABD と △A′DB は合同であるから，

$$S=\triangle \mathrm{ABD}+\triangle \mathrm{BCD}=\triangle \mathrm{A'DB}+\triangle \mathrm{BCD}$$
$$=\triangle \mathrm{A'DC}+\triangle \mathrm{A'BC} \quad \cdots\cdots②$$

となり，また，

$$\triangle \mathrm{A'DC}=\boxed{\text{ク}},\ \triangle \mathrm{A'BC}=\boxed{\text{ケ}} \quad \cdots\cdots③$$

となる．

ク，ケ の解答群（同じものを繰り返し選んでもよい．）

⓪ $\frac{1}{2}ac\sin 2\alpha$	① $\frac{1}{2}ac\sin 2\beta$	② $\frac{1}{2}ac\cos 2\beta$
③ $\frac{1}{2}ac\sin(\alpha+\beta)$	④ $\frac{1}{2}bd\sin 2\alpha$	⑤ $\frac{1}{2}bd\sin 2\beta$
⑥ $\frac{1}{2}bd\cos 2\alpha$	⑦ $\frac{1}{2}bd\cos 2\beta$	⑧ $\frac{1}{2}bd\sin(\alpha+\beta)$

①，②，③から，$\boxed{\text{コ}}$ が成り立つことがわかる．

コ の解答群

⓪ $l+m=a+b+c+d$	① $lm=a+b+c+d$
② $l+m=ac+bd$	③ $lm=ac+bd$

河合塾
SERIES

七訂版

解答・解説編

河合出版

第1章　数と式

1

アイ＝18，ウエ＝72，オ＝6，カキ＝12，ク＝2，ケ＝3，コ＝3，サ＝4.

ポイント

共通テスト数学Ⅰ·Aの「数と式」は，とにかく速く正確に計算することが重要だ．ここで時間を使ってしまっては後の「三角比」，「データの分析」などで時間不足になり，致命的なのだよ．

だから，**誘導がついているときは上手に利用しよう**．この問題はその練習だ．

解説

$$(A-1)(A-20)+3A+52$$
$$=A^2-21A+20+3A+52$$
$$=A^2-\boxed{18}A+\boxed{72}.$$

これを因数分解して

$$(A-1)(A-20)+3A+52$$
$$=\left(A-\boxed{6}\right)\left(A-\boxed{12}\right). \quad \cdots①$$

$A=x^2+x$ とおくと

こうやって①を利用するのだよ．

$$(x^2+x-1)(x^2+x-20)+3x^2+3x+52$$
$$=\quad (A-1)(A-20)\quad +3A+52$$
$$=(A-6)(A-12).$$

（$\boldsymbol{A}$ を $\boldsymbol{x^2+x}$ に戻して）

$$=(x^2+x-6)(x^2+x-12)$$
$$=(x+3)(x-2)(x+4)(x-3).$$

（解答欄に合わせて並び替えると）

$$=\left(x-\boxed{2}\right)\left(x-\boxed{3}\right)\left(x+\boxed{3}\right)\left(x+\boxed{4}\right).$$

2

ア＝③，イ＝②，ウ＝2，エ＝1，オカ＝−1，キ＝2，ク＝1.

ポイント

数式を因数分解するときは，まずは 1 つの文字について整理する（その練習が (1)）.

ただし，どの文字について式を整理するか方針を決めるときは，**次数が一番低い文字**について整理するようにすべきだ．その練習が (2) だ．

解説

(1)

$$a(b-c)+b(a-c)+c(a-b) \quad \cdots①$$

$$\begin{aligned}&=a(b-c)\\&\quad +ab \quad -bc\\&\quad +ac \quad -bc\\&=2ab \quad -2bc\\&=2b(a-c). \quad \cdots②\end{aligned}$$

a について整理しよう．

a について 1 次の項と，a の付かない項をそれぞれ縦に並べると見やすいはずだ．

よって，ア には ③ が当てはまる．

$$a^2(b-c^2)+b(a^2-c^2)+c^2(a^2-b)=0 \quad \cdots③$$

の左辺は，① において

a を a^2 に替え，c を c^2 に替えたもの

である．

よって，② において「a を a^2 に替え，c を c^2 に替える」ことにより，③ は

$$2b(a^2-c^2)=0$$

となる．

b が 0 でないので，$a^2-c^2=0$ となり，$c=\pm a$ である．

したがって，イ には ② が当てはまる．

(2)

$$\boxed{x^2y-(y+1)x-2y+2} = (x^2-x-2)y-x+2$$
$$=(x-2)(x+1)y-(x-2)$$
$$=(x-2)\{(x+1)y-1\}$$
$$=\left(x-\boxed{2}\right)\left(xy+y-\boxed{1}\right).$$

x については2次，y については1次なので，y について整理すると因数分解しやすい．

2次式より1次式の方が因数分解しやすいのだ！

よって

$$x^2y-(y+1)x-2y+2=x^2-2x$$

が成り立つとき

$$(x-2)(xy+y-1)=x(x-2).$$
$$(x-2)(xy+y-1)-x(x-2)=0.$$
$$(x-2)(xy-x+y-1)=0.$$
$$(x-2)(x+1)(y-1)=0.$$

したがって

$x=\boxed{-1}$　または　$x=\boxed{2}$　または

$y=\boxed{1}$

となる．

3

アー6, イー1, ウー4, エー3, オー6, カキー11, クー6.

ポイント

a と b を入れ替えても変わらない式を「a と b の**対称式**」という. 典型例は $a+b$ と ab だ.

面白いことに, **a と b の対称式は $a+b$ と ab を用いて表せるのだよ**. 「どこが面白い?」と思うかも知れないが, これを面白いと思う人が数学の入試問題を作るので, しばしば入試のテーマになる. この問題はその練習だ.

解説

$$a+b=\frac{\sqrt{6}+\sqrt{2}}{2}+\frac{\sqrt{6}-\sqrt{2}}{2}$$
$$=\sqrt{\boxed{6}}.$$
$$ab=\frac{(\sqrt{6}+\sqrt{2})(\sqrt{6}-\sqrt{2})}{4}$$
$$=\frac{(\sqrt{6})^2-(\sqrt{2})^2}{4}$$
$$=\boxed{1}.$$
$$a^2+b^2=(a+b)^2-2ab$$
$$=(\sqrt{6})^2-2\cdot1$$
$$=\boxed{4}.$$
$$a^3+b^3=(a+b)(a^2-ab+b^2)$$
$$=\sqrt{6}(4-1)$$
$$=\boxed{3}\sqrt{\boxed{6}}.$$

最後の a^5+b^5 は少し難しいが, ここまで知っておくと安心. 今まで求めたものをうまく使おう.

$$(a^2+b^2)(a^3+b^3)=a^5+a^3b^2+a^2b^3+b^5$$
$$=a^5+a^2b^2(a+b)+b^5.$$
$$\therefore\quad 4\cdot3\sqrt{6}=a^5+b^5+\sqrt{6}.$$
$$\therefore\quad a^5+b^5=\boxed{11}\sqrt{\boxed{6}}.$$

a^2+b^2 は, a と b の対称式だから, $a+b$ と ab で表せる. こんな変形は簡単だな!

$\boldsymbol{a^3+b^3=(a+b)(a^2-ab+b^2)}$
$\boldsymbol{a^3-b^3=(a-b)(a^2+ab+b^2)}$
が成り立つ. (それぞれ右辺を展開して左辺になることを確かめてみよう)

この公式は教科書では発展的な扱いだが, ここまで知って置いて欲しい.

4

ア＝2，イ＝2，ウ＝1，エ＝2.

ポイント

１次不等式はそれ自体は易しいから，共通テストでは二つ以上の不等式の解の「共通部分」や「少なくとも一方を満たす」などを聞いてレベルを上げてくる可能性が高い.

その場合は，**数直線を利用して考えよう**．この問題はその練習だ.

解説

$$2x>5x-6. \qquad \cdots①$$

$$x \geqq a. \qquad \cdots②$$

①を解くと

$$x<\boxed{2}.$$

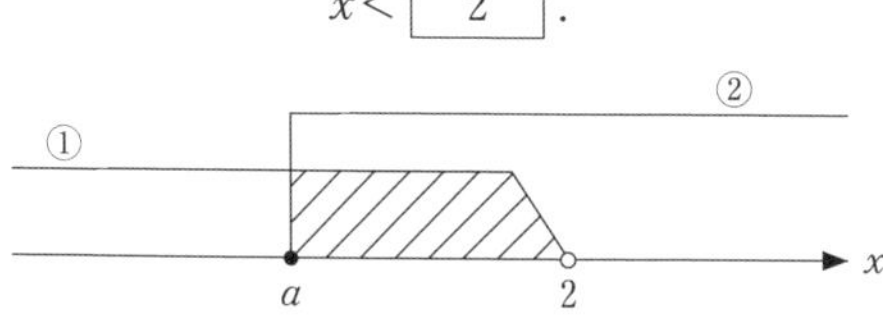

① と ② をともに満たす実数 x（斜線部の x）が存在するためには

$$a<\boxed{2}.$$

① と ② をともに満たす整数 x が存在するのは，次の図から，$x=1$ が ② を満たすときである.

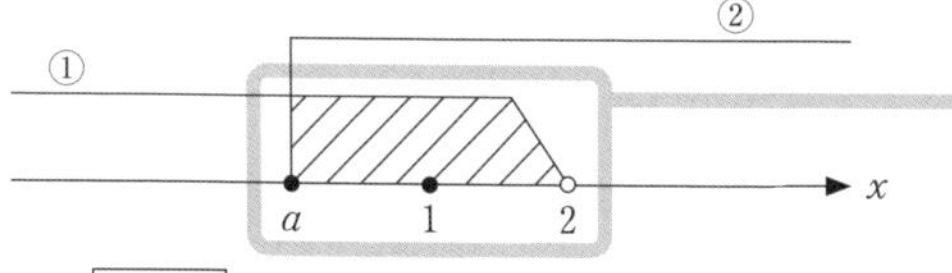

斜線部に入る可能性のある整数 x を大きい方から順に考えればよい．つまり，$x=1$，0，-1，… を順に考えると，$x=1$ が斜線部に入ればよいと分かる.

つまり，$a \leqq \boxed{1}$.

すべての実数 x が ① または ② を満たすのは，次の図のような斜線部になるときである.

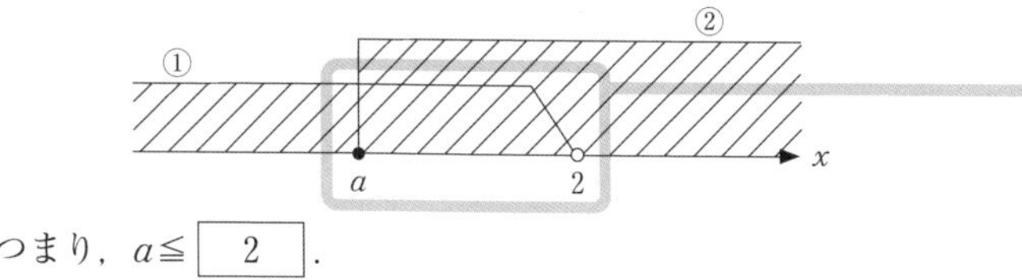

この図は $a<2$ の場合であるが，$a=2$ の場合も適しているのだよ．図を書いて確かめよう.

つまり，$a \leqq \boxed{2}$.

5

ア$=2$, イ$=$⓪, ウ$=1$, エ$=$②, オ$=7$, カ$=3$.

ポイント

本問の不等式のように，**最高次の係数に文字**が入っているときは，**式を整理した後で最高次の係数の正負（0もあり得る）**で場合分けをして考察をする．最高次の係数の正負により，不等式の解が変わるからだ．

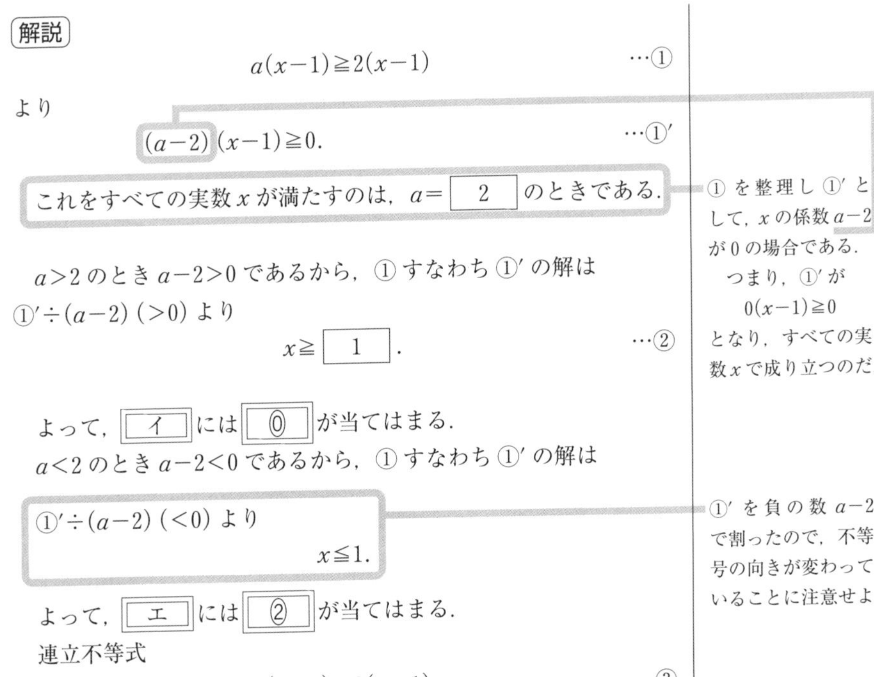

解説

$$a(x-1)\geqq 2(x-1) \quad \cdots①$$

より

$$(a-2)(x-1)\geqq 0. \quad \cdots①'$$

これをすべての実数 x が満たすのは，$a=$ 2 のときである．

①を整理し①′として，x の係数 $a-2$ が0の場合である．
つまり，①′が
$0(x-1)\geqq 0$
となり，すべての実数 x で成り立つのだ．

$a>2$ のとき $a-2>0$ であるから，①すなわち①′の解は

①′$\div(a-2)$ (>0) より

$$x\geqq 1. \quad \cdots②$$

よって，イ には ⓪ が当てはまる．

$a<2$ のとき $a-2<0$ であるから，①すなわち①′の解は

①′$\div(a-2)$ (<0) より

$$x\leqq 1.$$

①′を負の数 $a-2$ で割ったので，不等号の向きが変わっていることに注意せよ．

よって，エ には ② が当てはまる．

連立不等式

$$\begin{cases} a(x-1)\geqq 2(x-1), & \cdots③ \\ ax\leqq 7 & \cdots④ \end{cases}$$

の解が $1\leqq x\leqq 3$ となるとき，③と④を満たす x の範囲を数直線に図示すると次のようになる．

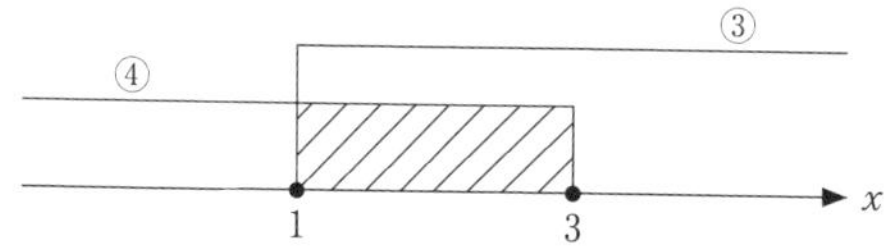

③ の解が $x \geqq 1$（つまり ②）であるから，$a>2$ である．

このとき，④ を解くと，④÷a（>2）より

$$x \leqq \frac{7}{a}$$

であり，これが「$x \leqq 3$」となるのであるから，$\frac{7}{a}=3$．

よって，$a=\frac{\boxed{7}}{\boxed{3}}$ である．（$a>2$ を満たす）

勘のいい人は「『$ax \leqq 7$』の等号が $x=3$ のときに成り立つはずだから $a=\frac{7}{3}$」としたかもしれない．もちろん，共通テストはそれでよい．（不思議な試験だね．）

6

ア＝3，イウ＝−1，エ＝3.

ポイント

数直線において，実数 x が表す点と原点（0 が表す点）との距離を $|x|$ で表し，「x の絶対値」という．（これが絶対値の意味だ！）

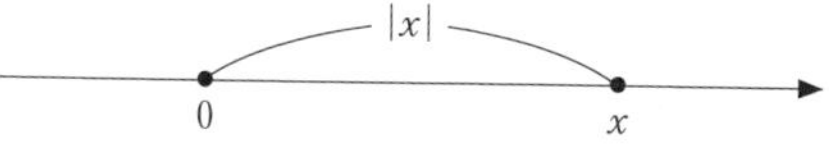

したがって

$$|x|=\begin{cases} x & (x \geqq 0\text{ のとき}) \\ -x & (x<0\text{ のとき}) \end{cases}$$

となる．

このことから，$|A|$ は，$A=0$ となるところで場合分けをすれば，絶対値記号 $|\ \ |$ がはずれる．

本問の後半は $|x|$ と $|2x-3|$ のように絶対値が 2 つあるから，$\boldsymbol{x=0}$ と「$\boldsymbol{2x-3=0}$ すなわち $\boldsymbol{x=\frac{3}{2}}$」が場合分けの区切りになる．

解説

$$|x|+2x-3=6 \qquad \cdots①$$

を解くと，次のようになる．

(i) $x\geqq 0$ のとき．

$$x+2x-3=6.$$

$$\therefore \quad x=3.\ (\text{これは } x\geqq 0 \text{ を満たす})$$

(ii) $x<0$ のとき．

$$-x+2x-3=6.$$

$$\therefore \quad x=9.$$

これは $x<0$ を満たさないから不適．

以上より，① の解は，$x=\boxed{3}$．

$|x|$ の | | をはずすために，$x\geqq 0$ と $x<0$ で場合分けする．等号「=」は (i) $x>0$，(ii) $x\leqq 0$ のような付け方でもよい．

$$|x|+|2x-3|<6 \qquad \cdots②$$

を解くと次のようになる．

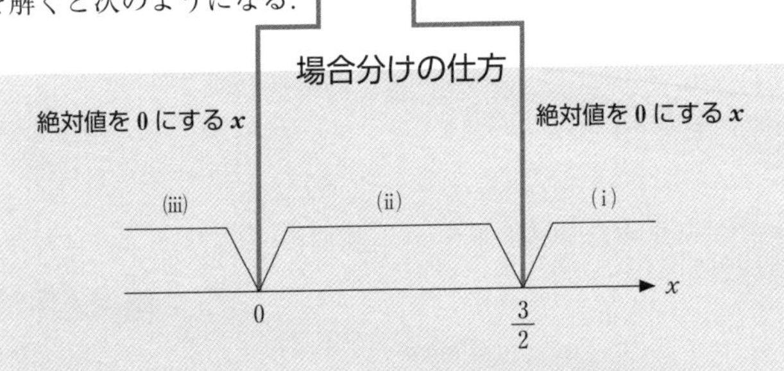

上図のように，x と 0，$\frac{3}{2}$ の大小で場合分けする．

(i) $x\geqq \frac{3}{2}$ のとき．

$x>0$ かつ $2x-3\geqq 0$ となるから，

$$|x|=x,\ |2x-3|=2x-3$$

となり，② は

$$x+2x-3<6.$$

$$\therefore \quad x<3.$$

よって，$\frac{3}{2}\leqq x<3$．

場合分けの条件も考える．

(ii)　$0 \leqq x < \dfrac{3}{2}$ のとき．

$x \geqq 0$ かつ $2x-3<0$ となるから，

$$|x|=x,\ |2x-3|=-(2x-3)$$

となり，② は

$$x-(2x-3)<6.$$
$$-x+3<6.$$
$$\therefore\quad x>-3.$$

$0 \leqq x < \dfrac{3}{2}$ は，これを満たしている．

(iii)　$x<0$ のとき．

$x<0$ かつ $2x-3<0$ となるから，

$$|x|=-x,\ |2x-3|=-(2x-3)$$

となり，② は

$$-x-(2x-3)<6.$$
$$-3x+3<6.$$
$$\therefore\quad x>-1.$$

よって，$-1<x<0$.

以上より，次の図のようになり，② の解は，

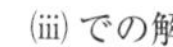 $<x<$ .

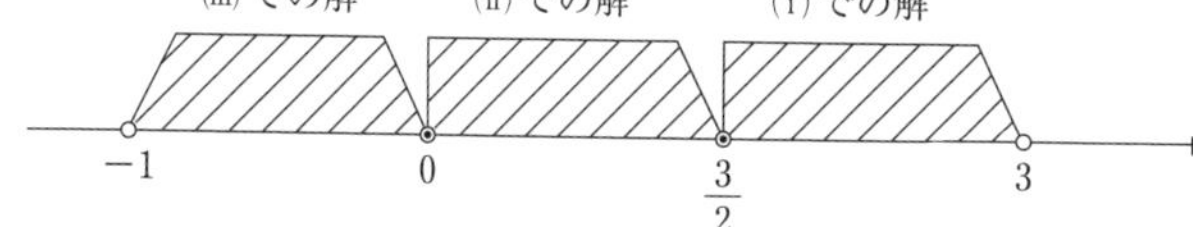

7

アイ＝33，ウエ＝25，オカ＝50，キク＝54.

ポイント

ある性質を持つものが何個あるか数え上げるときの方針は 2 つある.

（方針 1 ）重複しないように数えるのが簡単なら，そうする

（方針 2 ）まずは重複を許して数え，その後で重複部分を調節する

どちらが適しているかはもちろん問題ごとに考えるのだが，後者の方針の場合に重要なのが包除原理（ほうじょげんり）だ.（前者の例は本問の最後の設問と問題 **42** を参照せよ.）

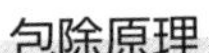

包除原理

集合 S の要素の個数を $n(S)$ と表すとき

$$\underbrace{n(A\cup B)}_{A\text{ または }B\text{ を満たすものの個数}} = \underbrace{n(A)+n(B)}_{A\text{ と }B\text{ を数えて}} \underbrace{-n(A\cap B)}_{\text{重複部分を調整}}$$

図示すると

A　B　＝　A　＋　B　－　$A\cap B$

この問題の初めの 3 つの設問が包除原理の典型問題だ.

解説

1 から 100 までの整数のうち，

A…3 の倍数の集合

B…4 の倍数の集合

C…11 の倍数の集合

とする.

$$\frac{100}{3}=33+\frac{1}{3},\quad \frac{100}{4}=25$$

より，

$$n(A)=\boxed{33},\quad n(B)=\boxed{25}. \qquad \cdots①$$

$n(A)$ は「1 から 100 までの整数のうちの，3 の倍数の個数」だから，こうやって求められる.

$n(B)$ も同様だ.

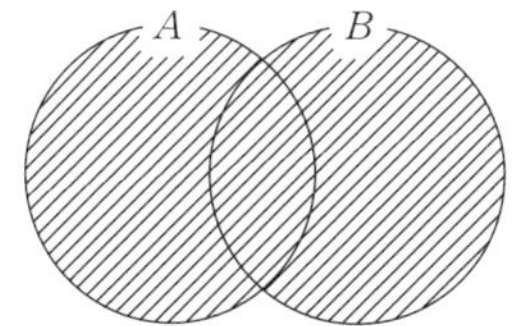

（$A \cup B$ は斜線部）

3 の倍数かつ 4 の倍数となるものは 12 の倍数なので，8 個 $\left(\because \quad \frac{100}{12}=8+\frac{1}{3}\right)$ ある．

よって，

$$n(A \cap B)=8. \qquad \cdots ②$$

3 の倍数または 4 の倍数となるものの集合は $A \cup B$ と表され，その要素の個数は ① と ② より

$$n(A \cup B)=n(A)+n(B)-n(A \cap B)$$

これが包除原理．

$$=33+25-8$$
$$=\boxed{50}.$$

3 か 4 か 11 の少なくとも一つで割り切れる整数の集合は $A \cup B \cup C$ と表される．（斜線部）

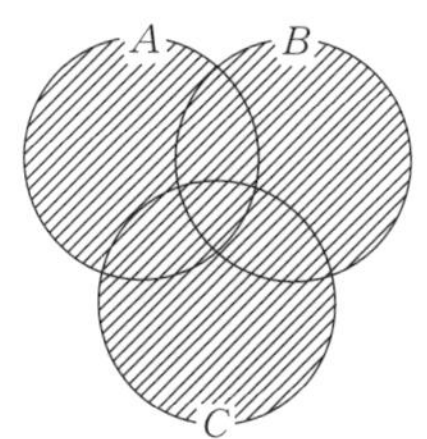

このうち $A \cup B$ に入らない部分（ C ）は，「11 の倍数だが 3 でも 4 でも割り切れない」というものなので，

$$11\times1,\ 11\times2,\ 11\times5,\ 11\times7$$

という 4 個が入る．

C の要素の個数はたった 9 個 $\left(\because \frac{100}{11}=9+\frac{1}{11}\right)$ なので，C のうちで $A \cup B$ に入らないものを直接数えてしまうのが速い．

以上より，

$$n(A \cup B \cup C)=50+4$$
$$=\boxed{54}.$$

8

ア＝④，イ＝⓪，ウ＝③，エ＝⑦，オ＝⑦，カ＝③，キ＝⓪，ク＝①，ケ＝①，コ＝⓪.

ポイント

論理についての基本事項を確認しよう.

数学についての文（例えば，方程式が成り立つ，不等式が成り立つなど）を**命題**という.

命題 P，Q について「P ならば Q」という命題の真偽を次のように定める.

- 「P ならば Q」が真であるとは，P が成り立つとき**必ず** Q が成り立つ，ということである.
（右図のようになる）

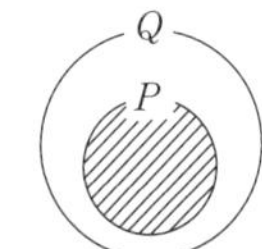

図 1.「P ならば Q」が真

- 「P ならば Q」が偽であるとは，P は成り立つが Q が成り立たない例（『P ならば Q』の**反例**という）が存在するということである.
（右図のように反例がある）

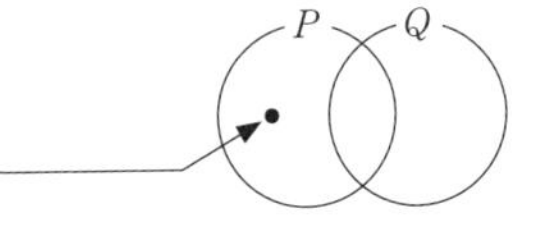

図 2.「P ならば Q」が偽

命題「P ならば Q」に対し，P を**仮定**，Q を**結論**といい，

- 仮定と結論を入れ替えてできる「Q ならば P」を**逆**，
- 仮定と結論をそれぞれを否定にした「『P でない』ならば『Q でない』」を**裏**，
- 仮定と結論を入れ替え，さらにそれぞれを否定にした「『Q でない』ならば『P でない』」を**対偶**

という.

「P ならば Q」が真のときは上の図 1 のようになっているので，対偶「『Q でない』ならば『P でない』」も真になる.

「P ならば Q」が偽のときは上の図 2 のようになっていて，その反例は，対偶「『Q でない』ならば『P でない』」の反例でもあるから，対偶も偽である.

まとめると次のようになり，センター対策として重要である.

対偶，逆・裏と真偽

「P ならば Q」とその**対偶は，真偽が一致する**.

また，**逆**「Q ならば P」の対偶は，**裏**「『P でない』ならば『Q でない』」になるから，**逆と裏の真偽は一致する**.

解説

命題 P「$x>3$ ならば $x^2>1$」

について,

逆は「$x^2>1$ ならば $x>3$」

∴ ④, ⓪.

裏は「$x \leqq 3$ ならば $x^2 \leqq 1$」

∴ ③, ⑦.

対偶は「$x^2 \leqq 1$ ならば $x \leqq 3$」

∴ ⑦, ③.

上記の4つの命題の真偽を判定するには,

$x^2>1 \iff$ 「$x<-1$ または $1<x$」 …①

となることを利用しよう.

(i) P「$x>3$ ならば $x^2>1$」は明らかに真である.

(ii) P の逆「$x^2>1$ ならば $x>3$」すなわち「① ならば $x>3$」について.

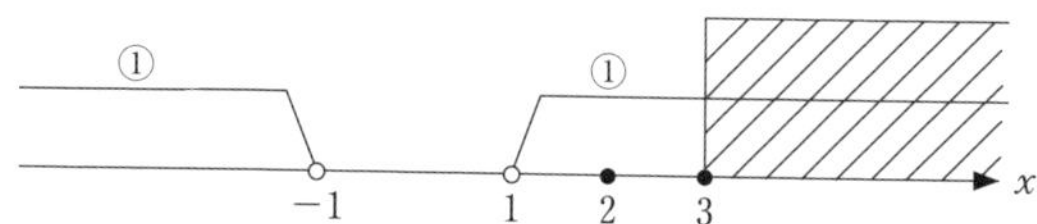

上の数直線の図から, ① を満たしても $x>3$ は満たさない x は存在する. (例えば $x=2$)

よって, P の逆は偽である.

(iii) P の「裏」は,「逆」と真偽が一致する.

P の逆が偽であるから, P の裏も偽である.

(iv) P の対偶については, P と真偽が一致する. P が真なので対偶も真である.

以上より, P および, その逆, 裏, 対偶の真偽は順に真, 偽, 偽, 真となり, 答は ⓪, ①, ①, ⓪.

これを「① ならば $x>3$」の反例という. つまり, ① を満たすが $x>3$ は満たさないものである. 反例があるので「① ならば $x>3$」は偽である.

一般に,「逆」の対偶が「裏」なので, 逆と裏は真偽が一致する.

9

ア＝①，イ＝①，ウ＝①，エ＝②.

ポイント

「P ならば Q」(『$P \Longrightarrow Q$』とか『$P \longrightarrow Q$』と表すこともある）が真であるとき,

- P は Q であるための**十分条件**と言い,
- Q は P であるための**必要条件**と言う.

この用語は間違えやすいから次のように覚えよう.

すなわち,「P ならば Q」が真のとき, P の下に十（じゅう）と書いて, Q の下に要（よう）と書こう．十分条件の「十」，必要条件の「要」だ．important の「十要」だ．(漢字が違うのは許されよ．)

P ならば Q
十　　要

P の下に十とあるから「P は Q であるための**十分条件**」，Q の下に要とあるから「Q は P であるための**必要条件**」と覚えればよいのだ.

解説

(1) 「x, y が有理数であるならば, $x+y$ と xy は有理数である」は真.

しかし, 逆は偽, 反例は, $x=\sqrt{2}$, $y=-\sqrt{2}$.

よって,

$$ア=\boxed{①}.$$

(2) 「$x>1$ かつ $y>1$ ならば, $x+y>2$ かつ $xy>1$」は真.

しかし, 逆は偽. 反例は, $x=2$, $y=\dfrac{2}{3}$.

よって,

$$イ=\boxed{①}.$$

(3)

$$「x^2+y^2=0」\Longleftrightarrow「x=y=0」.$$

したがって,「$x^2+y^2=0$ ならば $xy=0$」は真.

しかし, 逆は偽. 反例は, $x=0$, $y=1$.

よって,

$$ウ=\boxed{①}.$$

(4) x, y, z のうち少なくとも 1 つが 1 に等しい
$\Longleftrightarrow (x-1)(y-1)(z-1)=0$

この場合の「逆」は,「$x+y$ と xy が有理数ならば, x と y が有理数」. これが偽であることを示すには反例を見つける. すなわち,「$x+y$ と xy が有理数なのに x と y が有理数ではない例」を見つける. $\sqrt{2}$ が無理数であることを利用して, できるだけ簡単な反例を求めよう.

「$x-1$, $y-1$, $z-1$ の少なくとも 1 つが 0」ということ. うまい変形なので覚えておこう.

$$\iff xyz-(yz+zx+xy)+x+y+z-1=0$$

$$\iff xyz\left\{1-\left(\frac{1}{x}+\frac{1}{y}+\frac{1}{z}\right)\right\}+x+y+z-1=0.$$

したがって,

「$x+y+z=\frac{1}{x}+\frac{1}{y}+\frac{1}{z}=1$ ならば, x, y, z のうち少なくとも1つが1に等しい」は真.

しかし逆は偽. 反例は $x=1$, $y=z=2$.

よって,

エ＝ ② .

10

ア＝①，イ＝⓪，ウ＝②，エ＝①，オ＝③.

解説

(1) 「$x^2=1$」$\Longleftrightarrow$「$x=1,\ -1$」

であるから，

「$x^2=1$ ならば $x=1$」は偽.

反例は $x=-1$.つまり，$x=-1$ は $x^2=1$ を満たすが $x=1$ ではない.

しかし，

「$x=1$ ならば $x^2=1$」は真.

よって，

ア＝①.

(2) $|x-y|=|x+y|$ $\Longleftrightarrow$「$x-y=x+y$ または $x-y=-(x+y)$」

$\Longleftrightarrow$「$y=0$ または $x=0$」

$\Longleftrightarrow$ $xy=0$.

よって，

イ＝⓪.

(3) 「$x+y<0$ かつ $y+z<0$ かつ $z+x<0$」ならば，

$$(x+y)+(y+z)+(z+x)<0.$$

$$\therefore \quad 2(x+y+z)<0.$$

$$\therefore \quad x+y+z<0.$$

したがって，

「『$x+y<0$ かつ $y+z<0$ かつ $z+x<0$』ならば $x+y+z<0$」は真.

しかし，逆命題，つまり

「$x+y+z<0$ ならば，『$x+y<0$ かつ $y+z<0$ かつ $z+x<0$』」は偽である（反例：$x=-3$，$y=-2$，$z=4$).

よって，

ウ＝②.

(4) まず，$x^2(y-z)+y^2(z-x)+z^2(x-y)$ を因数分解しよう.

x について整理して，

$$x^2(y-z)+y^2(z-x)+z^2(x-y)$$

$$=(y-z)x^2-(y^2-z^2)x+y^2z-z^2y$$

x^2 の項，x の項，それ以外の順にする.

$=(y-z)x^2-(y+z)(y-z)x+yz(y-z)$

$=(y-z)\{x^2-(y+z)x+yz\}$ 　　$y-z$ でくくれる．

$=(y-z)(x-y)(x-z)$

$=-(x-y)(y-z)(z-x)$.

したがって，

$$x^2(y-z)+y^2(z-x)+z^2(x-y)=0$$
$$\Longleftrightarrow (x-y)(y-z)(z-x)=0.$$

ところで，

「$(x-y)(y-z)(z-x)=0$ ならば $x=y=z$」は偽である（反例：$x=y=1$，$z=0$）．

一方，

「$x=y=z$ ならば $(x-y)(y-z)(z-x)=0$」は真である．

よって，

エ＝ ① ．

(5)「$0^\circ \leqq \alpha < \beta < 90^\circ$ ならば，$\sin\alpha < \cos\beta$」は偽．

（反例：$\alpha=45^\circ$，$\beta=60^\circ$ とすると，$0^\circ \leqq \alpha < \beta < 90^\circ$ を満たすが，$\sin\alpha=\dfrac{\sqrt{2}}{2}$，$\cos\beta=\dfrac{1}{2}$ なので，$\sin\alpha<\cos\beta$ を満たさない）

また，

「$\sin\alpha<\cos\beta$ ならば $0^\circ \leqq \alpha < \beta < 90^\circ$」も偽である．（反例：$\alpha=45^\circ$，$\beta=30^\circ$ としてみると，$\sin\alpha=\dfrac{\sqrt{2}}{2}$，$\cos\beta=\dfrac{\sqrt{3}}{2}$ なので $\sin\alpha<\cos\beta$ を満たすが，$0^\circ \leqq \alpha < \beta < 90^\circ$ は満たさない）

よって，

オ＝ ③ ．

11

アア＝②，イ＝④．（順不同）

(ポイント)

共通テストでは本問のように**反例**について聞かれる可能性がある．問題 **8** の解説と重複する部分があるが確認しておこう．

数学についての文（例えば，方程式が成り立つ，不等式が成り立つなど）を**命題**という．

命題 A，B について「A ならば B」という命題の真偽を次のように定める．

- 「A ならば B」が真であるとは，A が成り立つとき**必ず** B が成り立つ，ということである．（右図のようになる）

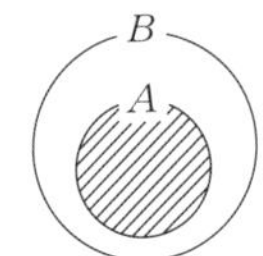

図 1.「A ならば B」が真

- 「A ならば B」が偽であるとは，A が成り立つが B が成り立たない例（『A ならば B』の**反例**という）が存在するということである．（右図のように反例がある）

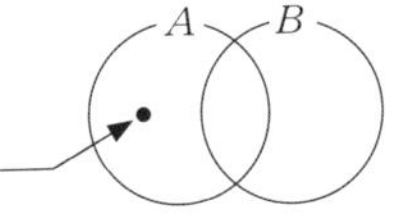

図 2.「A ならば B」が偽

また，「A ならば B」を「$A \Longrightarrow B$」と表すこともある．

以上から次のようになる．

重　要

x についての命題 A，B があり，$x=a$ が「$A \Longrightarrow B$」の**反例**であるのは，$\boldsymbol{x=a}$ **は** $\boldsymbol{A}$ **を満たし，** $\boldsymbol{B}$ **は満たさないときである．**

解説

$n=10$ が「$A \Longrightarrow B$」の反例であるのは

- $n=10$ は A を満たし
- $n=10$ は B を満たさない

と言うときであるから，⓪～⑤ についてこの 2 つのことを確認しよう．

反例の条件

⓪「$(p$ かつ $q) \Longrightarrow \overline{r}$」について．

- 「p かつ q」とは n が 6 の倍数ということであるから．$n=10$ はこれを満たさない．（不適）

①「$(p$ または $q) \Longrightarrow r$」について．

- $n=10$ は 2 の倍数なので「p または q」を満たす．
- $n=10$ は 5 の倍数であるから r も満たす．（不適）

②「$r \Longrightarrow (p$ かつ $q)$」について．

- $n=10$ は r を満たす．
- $n=10$ は「p かつ q」を満たさない．

よって，$n=10$ は ② の反例である．

③「$r \Longrightarrow (p$ かつ $\overline{q})$」について．

- $n=10$ は r を満たす．
- $n=10$ は「p かつ $\overline{q}$」を満たす．（不適）

$n=10$ は偶数なので p を満たす．3 の倍数ではないので $\overline{q}$ も満たす．よって，「p かつ $\overline{q}$」を満たす．

④「$(\overline{q}$ または $r) \Longrightarrow \overline{p}$」について．

- $n=10$ は $\overline{q}$ も r も満たすから「$\overline{q}$ または r」を満たす．
- $n=10$ は $\overline{p}$ を満たさない．

よって，$n=10$ は ④ の反例である．

⑤「$(\overline{p}$ または $\overline{r}) \Longrightarrow q$」について．

- $n=10$ は $\overline{p}$ を満たさないし，$\overline{r}$ も満たさない．よって，「$\overline{p}$ または $\overline{r}$」を満たさない．（不適）

以上より，10 が反例になるのは ② と ④ である．

第2章　2次関数

12

アイ＝−2，ウ＝1，エ＝4，オカ＝−4，キク＝−5，ケ＝5.

ポイント

放物線の移動は，**頂点に注目**しよう.

例えば，$C：y=x^2$ を x 軸方向に 2，y 軸方向に 1 だけ平行移動して出来る放物線を C' とすると，

$$C \text{ の頂点 } \mathrm{O}(0,\ 0) \xrightarrow[y\text{ 軸方向に }1]{x\text{ 軸方向に }2} C' \text{ の頂点 } (2,\ 1)$$

というように移動する.（次図参照）

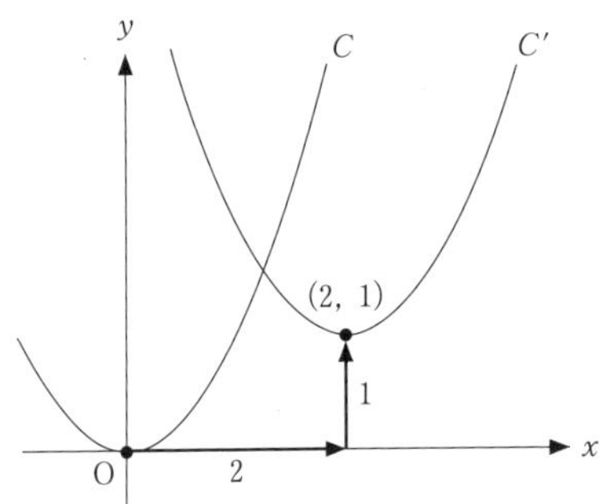

$C：y=x^2$ の x^2 の係数は 1 であるが，**平行移動では x^2 の係数は変わらないので**

$$C'：y=(x-2)^2+1$$

となる.

解説

(1)
$$y=x^2+a. \quad \cdots①$$

このグラフは頂点が $(0,\ a)$ の放物線だから，x 軸方向に 1，y 軸方向に b だけ平行移動すると頂点が $(1,\ a+b)$ の放物線になり，

頂点に注目する.

その方程式は，

$$\begin{aligned} y&=(x-1)^2+a+b \\ &=x^2-2x+a+b+1. \quad \cdots② \end{aligned}$$

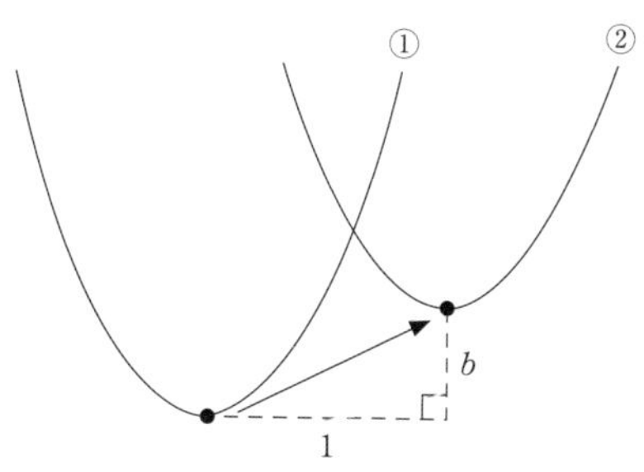

これが，$y=x^2+ax$ なのだから係数を比べて，

$$\begin{cases} -2=a, \\ a+b+1=0. \end{cases}$$

$$\therefore \quad a=\boxed{-2}, \quad b=\boxed{1}.$$

(2)

$$C: y=x^2+ax+b.$$

C が $(0,\ 4)$ を通るから，$b=4$ となり，

$$C: y=x^2+ax+4.$$

C が x 軸と接するとき，

$$a^2-16=0.$$

（$y=ax^2+bx+c$ が x 軸と接する条件は (判別式)$=b^2-4ac=0$.）

よって，

$$a=\boxed{4}, \quad \boxed{-4}.$$

C と x 軸との交点の x 座標は，

$$x^2+ax+4=0$$

を解いて，

$$\frac{-a\pm\sqrt{a^2-16}}{2}.$$

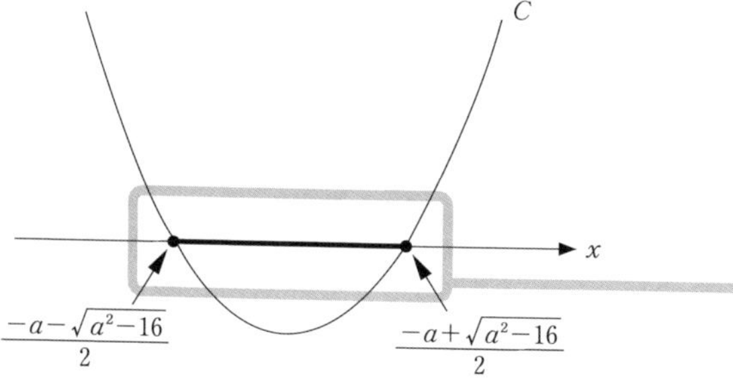

C が x 軸から切り取る線分とは，太線部分のことだ．

C が x 軸から切り取る線分の長さは,

$$\frac{-a+\sqrt{a^2-16}}{2}-\frac{-a-\sqrt{a^2-16}}{2}$$

$$=\sqrt{a^2-16}.$$

これが 3 以上となるには,

$$\sqrt{a^2-16}\geqq 3.$$

$$a^2-16\geqq 9.$$

$$a^2\geqq 25.$$

よって,

$$a\leqq \boxed{-5},\ a\geqq \boxed{5}.$$

13

ア=1，イ=4，ウ=1，エ=2，オ=2，カ=1，キ=9，クケ=10，コ=9，サシ=34，ス=9.

ポイント

x が実数全体を動くとき，**$a>0$ の場合**に 2 次関数 $y=ax^2+bx+c$ は，そのグラフの頂点のところで**最小値**をとる．このことに注目しよう．

解説

(1)
$$\begin{cases} g(-2)=-2m+n=2, \\ g(1)=m+n=5. \end{cases}$$

これを解いて，

$$m=\boxed{1},\quad n=\boxed{4}.$$

(2)
$$f(-2)=2,\quad f(1)=5$$

という条件は，

放物線 $y=f(x)$ が 2 点 $(-2,\ 2)$ と $(1,\ 5)$ を通る

ということ．

(それで答が見えてくるわけではないけれど (^^)ゞ)

それでは解答をつくろう．

$$\begin{cases} f(-2)=4a-2b+c=2, & \cdots① \\ f(1)=a+b+c=5. & \cdots② \end{cases}$$

①−② から

$$3a-3b=-3.$$
$$\therefore\quad b=a+1. \qquad \cdots③$$

② へ代入し，

$$a+a+1+c=5.$$
$$\therefore\quad c=-2a+4. \qquad \cdots④$$

よって，

$$\begin{aligned} f(x)&=ax^2+(a+1)x-2a+4 \\ &=a\left(x^2+\frac{a+1}{a}x\right)-2a+4 \\ &=a\left(x+\frac{a+1}{2a}\right)^2-\frac{(a+1)^2}{4a}-2a+4. \end{aligned}$$

平方完成して $f(x)$ の最小値を求める．

$f(x)$ の最小値が 1 になるには,

$$\begin{cases} a>0, \text{ かつ} \\ -\dfrac{(a+1)^2}{4a}-2a+4=1. \end{cases} \quad \cdots⑤$$

> x が実数全体を動くとき, 2 次関数 $f(x)$ が最小値をもつのは, x^2 の係数 a が正のときである.
> これを忘れないように!

⑤ から,

$$\frac{(a+1)^2}{4a}+2a-3=0.$$

分母を払って,

$$(a+1)^2+4a(2a-3)=0.$$

$$\therefore \quad 9a^2-10a+1=0.$$

$$\therefore \quad (a-1)(9a-1)=0.$$

よって,

$$a=1, \ \frac{1}{9}.$$

これらはいずれも $a>0$ を満たしている.

> $a>0$ を確認しよう.

したがって, ③, ④ により,

$$\begin{cases} a=1 \text{ のとき}, \ b=2, \ c=2. \\ a=\dfrac{1}{9} \text{ のとき}, \ b=\dfrac{10}{9}, \ c=\dfrac{34}{9}. \end{cases}$$

以上から,

$$a=\boxed{1}, \ b=\boxed{2}, \ c=\boxed{2},$$

または,

$$a=\frac{\boxed{1}}{\boxed{9}}, \ b=\frac{\boxed{10}}{\boxed{9}}, \ c=\frac{\boxed{34}}{\boxed{9}}.$$

14

アイ＝−8，ウエ＝−1，オ＝8，カキ＝13.

ポイント

x が実数全体を動くとき，**$a<0$ の場合**に２次関数 $y=ax^2+bx+c$ は，そのグラフの頂点のところで**最大値**をとる．このことに注目しよう．

解説

$f(x)$ が $x=4$ のとき最大値 M をとるから，$y=f(x)$ のグラフの軸は $x=4$ であり，

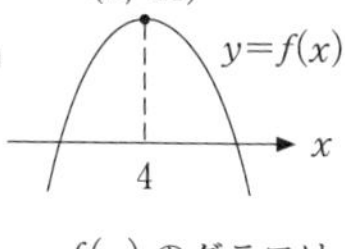

$y=f(x)$ のグラフは上に凸の放物線だ.

$$f(x)=ax^2+bx+2a-1$$
$$=a(x-4)^2+M$$
$$=ax^2-8ax+16a+M.$$

係数を比べて，

$$\begin{cases} b=\boxed{-8}\,a. & \cdots① \\ 2a-1=16a+M. & \cdots② \end{cases}$$

さらに，$f(1)=4$ より，

$$f(1)=a+b+2a-1$$
$$=3a+b-1$$
$$=4.$$
$$\therefore\quad b=-3a+5. \qquad \cdots③$$

①，③ より，

$$-8a=-3a+5.$$
$$\therefore\quad a=\boxed{-1}.$$

$a<0$ なので，$f(x)$ は最大値を確かにもつ.

① より，
$$b=\boxed{8}.$$

② より，

$$-2-1=-16+M.$$
$$\therefore\quad M=\boxed{13}.$$

15

アイ＝－4，ウ＝2，エ＝1，オカ＝54，キ＝5，クケコ＝－10.

ポイント

2 次関数 $y=ax^2+bx+c$ が，すべての実数 x に対して $y>0$ となるのは，「グラフが下に凸の放物線となり，かつその頂点の y 座標が正」の場合である.

解説

$$
\begin{aligned}
y&=x^2+2(a+2)x+2a+12\\
&=(x+a+2)^2-(a+2)^2+2a+12\\
&=(x+a+2)^2-a^2-2a+8. \qquad \cdots①
\end{aligned}
$$

これが，すべての x で $y>0$ となるには，

$$-a^2-2a+8>0.$$

頂点の y 座標が正ということ.

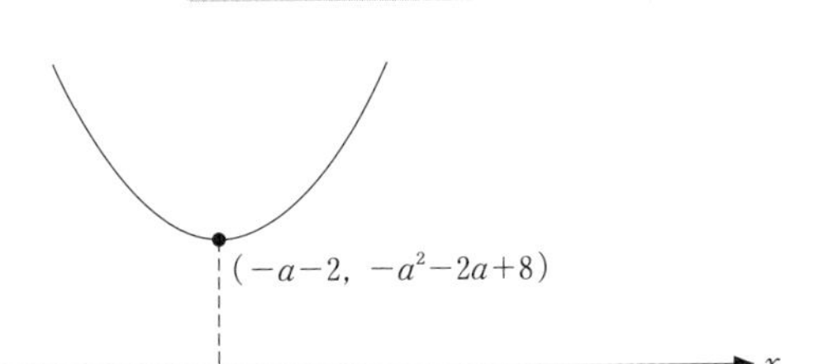

$$\therefore \quad a^2+2a-8<0.$$

$$(a+4)(a-2)<0.$$

よって，

$$\boxed{-4}<a<\boxed{2}.$$

a が正の整数のとき，

$$a=\boxed{1}.$$

このとき ① は，

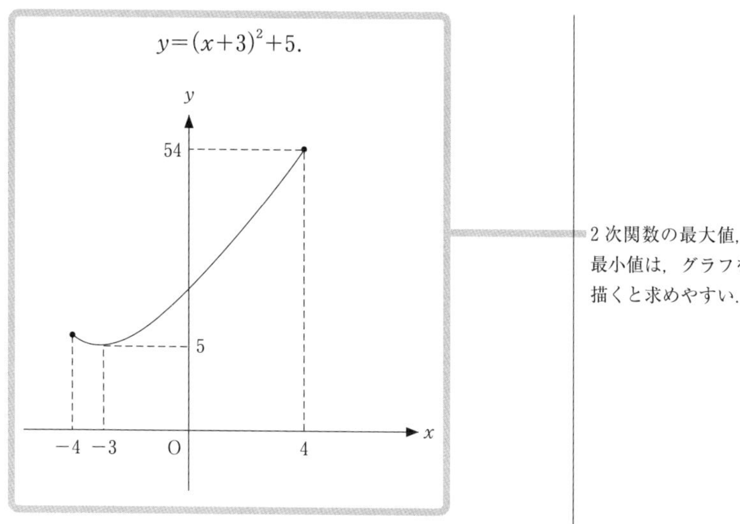

2次関数の最大値，最小値は，グラフを描くと求めやすい．

$-4 \leqq x \leqq 4$ において，グラフより

y の最大値は $\boxed{54}$　$(x=4)$，
y の最小値は $\boxed{5}$　$(x=-3)$．

次に「区間 $b \leqq x \leqq 4$ での $y=(x+3)^2+5$ の**最大値 M** が 54」となるような b の最小値を求めよう．

計算だけで求めようとしてはいけない．グラフを利用すべきだ．

b を 4 より少し小さい値から始めて，少しずつ小さくして M を調べよう．

以下ではグラフの太線部分が区間 $b \leqq x \leqq 4$ に対応している．

• b が 4 より少し小さいとき. $M=54$ である.

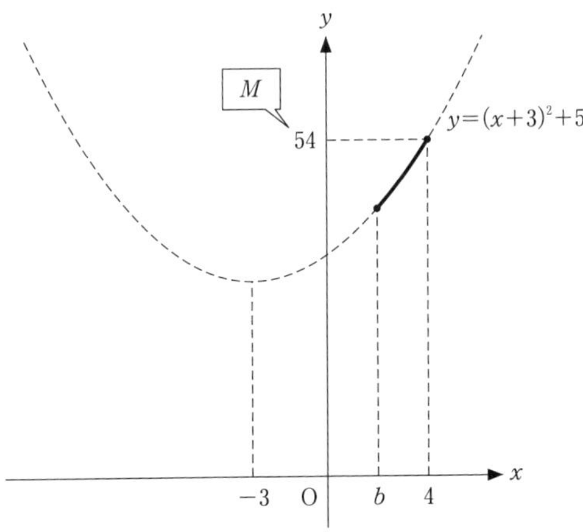

• b をさらに小さくする. まだ, $M=54$ である.

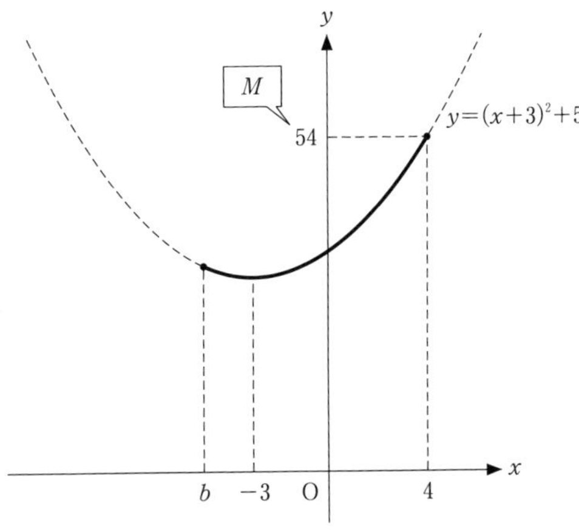

• 軸 $x=-3$ について $x=4$ と対称な $x=-10$ に注目する.

$b=-10$ のとき，まだ $M=54$ である.

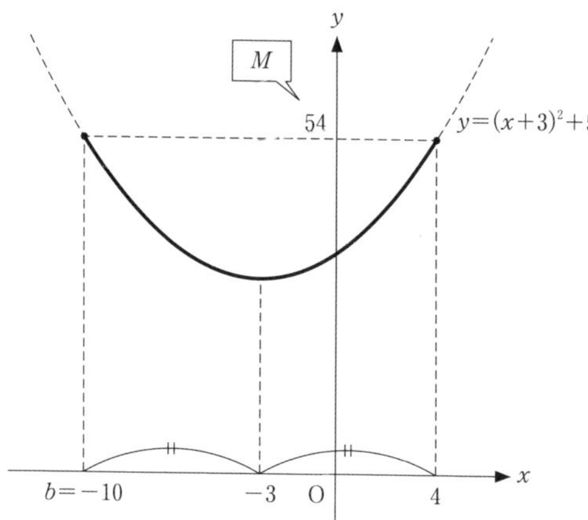

• $b<-10$ のとき. $M>54$ となり，不適である.

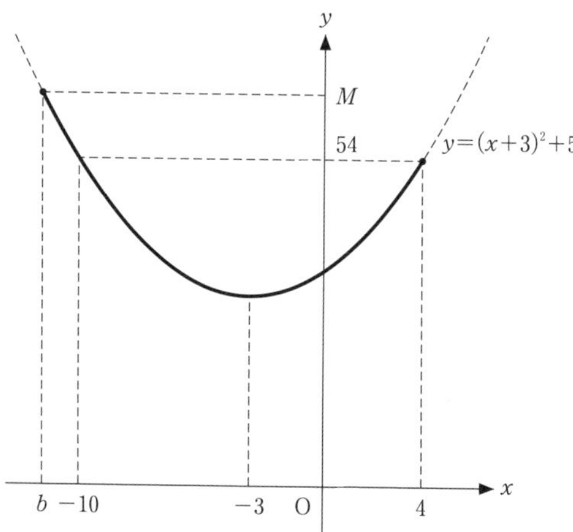

以上より，$M=54$ となるような b の最小値は $\boxed{-10}$ である.

$x=b$ と $x=4$ が $x=-3$ について対称なとき

$$\frac{b+4}{2}=-3$$

より $b=-10$ である. 放物線は軸について対称なのだから，それを利用してグラフから考えるのは当然だ.

16

アＡ=1，イ=1，ウ=3，エオ=11，カ=2.

ポイント

2次方程式

$$ax^2+bx+c=0 \qquad \cdots①$$

の解をα，βとすると

$$ax^2+bx+c=a(x-\alpha)(x-\beta)$$

と因数分解でき，右辺を展開すると

$$ax^2+bx+c=ax^2-a(\alpha+\beta)x+a\alpha\beta$$

が恒等式になるとわかる.

両辺の係数を比べて

$$\boldsymbol{\alpha+\beta=-\frac{b}{a},\ \alpha\beta=\frac{c}{a}}$$

が成り立つ．これを2次方程式①の**「解と係数の関係」**という.

αやβそのものではなく，「αとβを入れ替えても変わらない式」すなわち「αとβの**対称式**」を求めたい，という場合に簡単に計算できるので非常に役に立つ．αとβの対称式は，$\alpha+\beta$と$\alpha\beta$で表せるからだ．（問題**3**も参照せよ.）

これは数学Ⅱの範囲の内容であるが，共通テストは「素早く正確に計算」することが重要であり，そのために役に立つので是非覚えておこう.

もし「解と係数の関係」を忘れてしまったら，①を2次方程式の解の公式で解いてα，βを求めてしまえばよい.

解説

(1)

$$C_1 : y=x^2-2ax+2a$$
$$=x^2-2a(x-1).$$

「aによらず～」という条件を考えるには，式をaについて整理するとよい．色々動かしてみるaを1ヶ所にまとめるとわかりやすくなるからだ.

この放物線がaの値によらず通る点$(x,\ y)$の条件は，

$$\begin{cases} x-1=0 \\ \text{かつ} \\ y=x^2 \end{cases}$$

つまり，

$$(x,\ y)=\left(\boxed{1},\ \boxed{1}\right).$$

(2)

$$C_1 : y=(x-a)^2-a^2+2a,$$

$$C_2 : y=2(x-a)^2-2a^2+16a-33.$$

C_1 と C_2 の頂点が一致するとき，

$$-a^2+2a=-2a^2+16a-33.$$

C_1 と C_2 の頂点の y 座標が一致．(x 座標はともに a)

$$a^2-14a+33=0.$$

$$(a-3)(a-11)=0.$$

よって，

$$a=\boxed{3},\ \boxed{11}.$$

(3)　α と β は

$$2x^2-4ax+16a-33=0$$

の解であるから，解と係数の関係より

$$\alpha+\beta=-\frac{-4a}{2}=2a,\quad \alpha\beta=\frac{16a-33}{2}.$$

2次方程式

$$px^2+qx+r=0$$

の解を α, β とすると

$$\alpha+\beta=-\frac{q}{p},$$

$$\alpha\beta=\frac{r}{p}.$$

よって，

$$\begin{aligned}(\beta-\alpha)^2&=(\beta+\alpha)^2-4\alpha\beta\\&=(2a)^2-4\cdot\frac{16a-33}{2}\\&=4a^2-32a+66\\&=4(a-4)^2+2.\end{aligned}$$

この変形はよく使うので，覚えておこう．

一般に，α と β を入れ替えても変わらない式（対称式という）は，$\alpha+\beta$ と $\alpha\beta$ を用いて表せる．

これは $a=4$ のとき最小となり，最小値は

$$\boxed{2}.$$

〔別解：解と係数の関係を用いない解法〕

α，β は，

$$2x^2-4ax+16a-33=0$$

を解いて，$\alpha<\beta$ より

$$\alpha=\frac{2a-\sqrt{4a^2-32a+66}}{2},$$

$$\beta=\frac{2a+\sqrt{4a^2-32a+66}}{2}.$$

$ax^2+2Bx+c=0$ の解は

$$x=\frac{-B\pm\sqrt{B^2-ac}}{a}$$

よって，

$$\begin{aligned}(\beta-\alpha)^2&=(\sqrt{4a^2-32a+66})^2\\&=4(a-4)^2+2.\end{aligned}$$

これは，$a=4$ のとき最小で，最小値は

$$\boxed{2}.$$

17

アイ＝−5，ウ＝1，エ＝0，オ＝3.

ポイント

(2)　2 次方程式

$$ax^2+bx+c=0 \quad \cdots①$$

が正と負の解をもつ条件を調べるには，① の左辺の 2 次関数を

$$f(x)=ax^2+bx+c$$

とおいて，放物線 C：$y=f(x)$ の概形を利用しよう.

① の実数解は，C と x 軸の交点の x 座標であるから，

① が正と負の解をもつ ⟺ C が x 軸と $x<0$ と $0<x$ の部分で交わる

区間の端での $f(x)$ に注目せよ

となる.

C が上に凸か下に凸かに注意し，C の概形から $\boldsymbol{f(0)}$ の正負を求めよう.

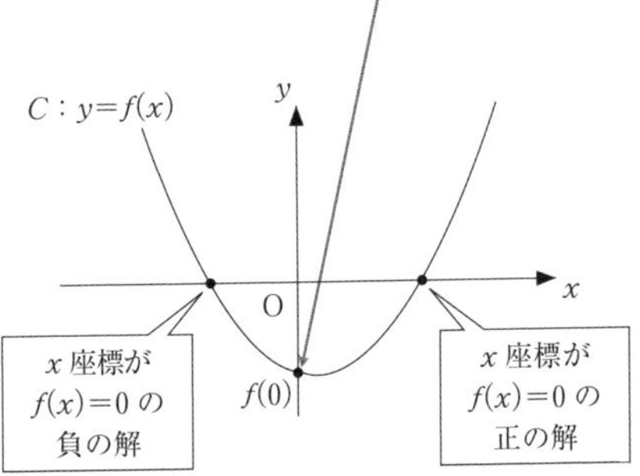

何故グラフを使うべきなのか

このような問題で失敗する生徒の典型的な**失敗パターン**は

失敗パターン

① の解は解の公式から，$x=\dfrac{-b\pm\sqrt{b^2-4ac}}{2a}$.

この 2 つの解のうち小さい方が負，大きい方が正となるには，$a>0$ のときは

$$\frac{-b-\sqrt{b^2-4ac}}{2a}<0<\frac{-b+\sqrt{b^2-4ac}}{2a}.$$

この連立不等式が解けなくて終了.

というものだ. こんな**複雑な連立不等式を解くのは困難**だが，**グラフを利用して $f(0)$ の正負を調べるのはとても簡単**なのだ.

解説

$$x^2-2(a+1)x-2a+6=0. \qquad \cdots(*)$$

(1)　(＊)が解をもつには

$$(a+1)^2-(-2a+6)\geqq 0.$$

$$a^2+4a-5\geqq 0.$$

$$(a+5)(a-1)\geqq 0.$$

$$\therefore\quad a\leqq \boxed{-5},\quad \boxed{1}\leqq a.$$

2次方程式
$ax^2+2Bx+c=0$
が実数解をもつ条件は
$\frac{D}{4}=B^2-ac\geqq 0.$

(2)　(＊)の左辺を

$$f(x)=x^2-2(a+1)x-2a+6$$

とおく.

(＊)が正の解と負の解をもつには，$y=f(x)$ のグラフの概形から，

$$f(0)<0$$

となればよい.

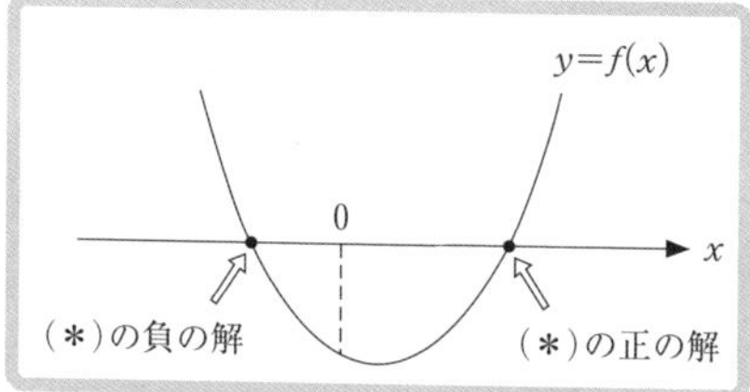

$y=f(x)$ のグラフが下に凸なので，$f(0)<0$ となるとき，$y=f(x)$ のグラフは x 軸と $x<0$ と $0<x$ の部分で交わる．その交点の x 座標が(＊)の正と負の解である.

つまり，$x=\boxed{0}$ のとき(＊)の左辺が負となればよく，

$$-2a+6<0.$$

$$\therefore\quad a>\boxed{3}.$$

18

アイ＝−3，ウ＝4，エ＝1，オ＝3，カキ＝−1，ク＝3.

ポイント

(2) **係数に文字**が入っている2次方程式や2次不等式を扱うときは，まずは

因数分解できないか

を確認しよう.

例えば，2次方程式

$$x^2-(2a+1)x+a^2+a=0 \quad \cdots①$$

の解について調べるときは，「この方程式の左辺は因数分解できないか？」を考えるべきだ.

（この部分だけまず因数分解）

実際，この方程式は

$$x^2-(2a+1)x+a(a+1)=0$$

として

$$(x-a)(x-a-1)=0$$

と因数分解できるから，解は

$$x=a,\ a+1$$

とわかる．この因数分解をしないで①の解について調べる（大変!!!）のと比べると，ずっと簡単になることはわかるだろう．（もちろん，このような因数分解ができない場合もある．それはまた別の話だ.）

解説

(1)

$$x^2-x-12<0.$$

$$\therefore\quad (x+3)(x-4)<0.$$

$$\therefore\quad \boxed{-3}<x<\boxed{4}.$$

(2) 数直線上の集合 A，B を

$$A=\{x|x^2-3>0\},$$

$$B=\{x|x^2-2ax+a^2-1<0\}\ (a \text{ は定数})$$

とおくとき，A と B が共通部分をもつような a の値の範囲を求めればよい.

$$x^2-3>0 \iff x<-\sqrt{3},\ \sqrt{3}<x.$$

$$\therefore\quad A=\{x|x<-\sqrt{3} \text{ または } \sqrt{3}<x\}.$$

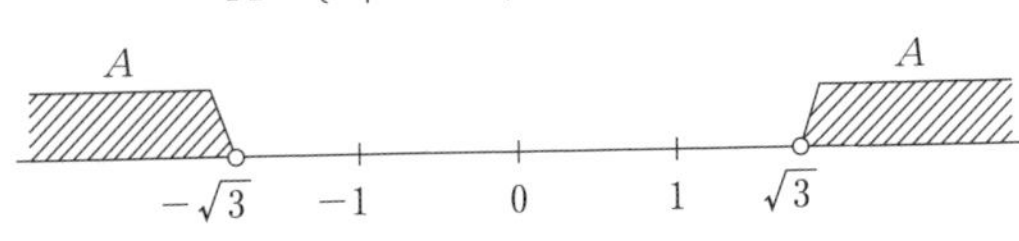

次に，$x^2-2ax+a^2-1<0$ を解く．

$$x^2-2ax+(a-1)(a+1)<0.$$
$$\{x-(a-1)\}\{x-(a+1)\}<0.$$
$$\therefore \quad a-1<x<a+1.$$

係数に文字 a があるので，因数分解できるか考えて…できる！

因数分解できると解きやすい．

よって，

$$B=\{x|a-1<x<a+1\}.$$

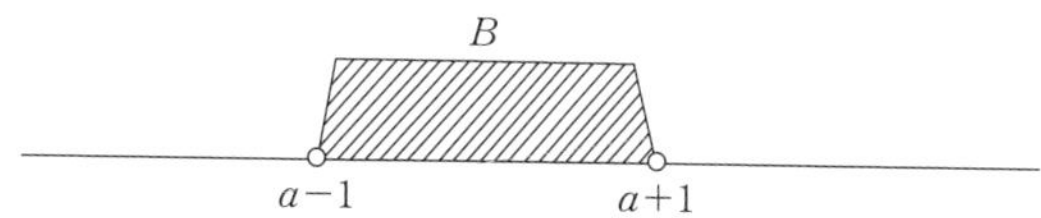

したがって，A と B が共通部分をもつための条件は，

$$a-1<-\sqrt{3} \text{ または，} \sqrt{3}<a+1.$$

すなわち，

$$a<\boxed{1}-\sqrt{\boxed{3}} \text{ または } \boxed{-1}+\sqrt{\boxed{3}}<a.$$

19

アイ＝−1，ウ＝0，エ＝5.

ポイント

(2)　連立不等式が**整数解をもたない**条件を調べるという，共通テストで出題され得るテーマの問題だ.

注意することは2つある.

(注意1)　①と②を満たす**整数でない解**は存在しても**よい**.（ややこしい？）

(注意2)　a の値を少しずつ動かして適するかどうか調べる．よく考えないで答えると失敗しやすい.

この2つに注意して解こう.

解説

$$x^2-(a^2-1)x-a^2<0, \quad \cdots ①$$

$$x^2+(a-4)x-4a>0. \quad \cdots ②$$

(1)　①を解くと,

$$(x+1)(x-a^2)<0.$$

$$\therefore \quad \boxed{-1}<x<a^2.$$

(2)　②を解くと,

$$(x+a)(x-4)>0.$$

$$\therefore \begin{cases} x<4,\ -a<x & (4\leqq -a \text{ のとき}), \\ x<-a,\ 4<x & (-a<4 \text{ のとき}). \end{cases}$$

②は，4と $-a$ の大小で場合分けして解く.

①，②をともに満たす整数 x が存在しないような a の範囲を調べよう.

(i)　$4\leqq -a$ すなわち $a\leqq -4$ のとき.

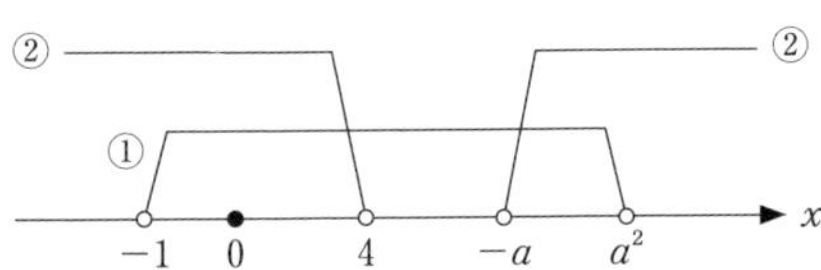

$x=0$ で①と②がともに成り立つ.（不適）

(ii)　$-a<4$ すなわち $a>-4$ のとき．

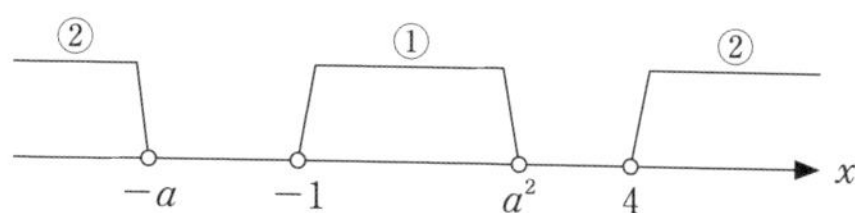

①，② をともに満たす整数 x が存在しないのは

$$-a \leqq 0 \quad \text{かつ} \quad a^2 \leqq 5$$

となるときである．

「$-a \leqq 0$」の理由

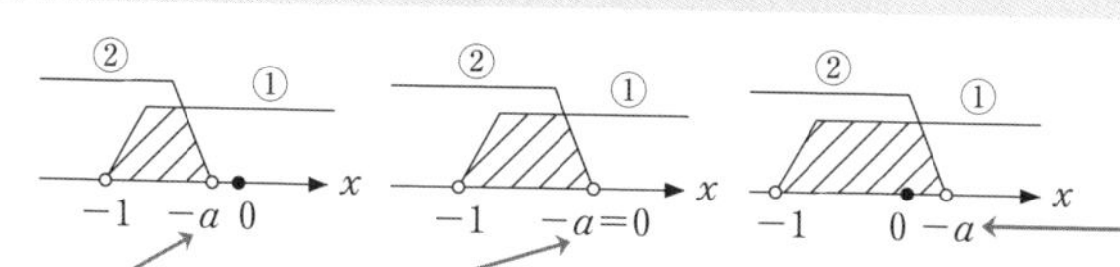

「$-a<0$」と「$-a=0$」のときは斜線部に「0」が入らないが，「$0<-a$」のときは斜線部に「0」が入ってしまい不適になる．

「$a^2 \leqq 5$」の理由

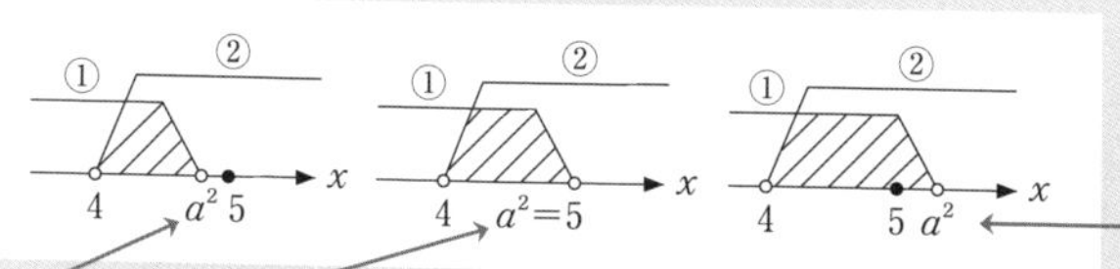

「$a^2<5$」と「$a^2=5$」のときは斜線部に「5」が入らないが，「$5<a^2$」のときは斜線部に「5」が入ってしまい不適になる．

つまり，$a \geqq 0$ かつ $a^2 \leqq 5$ となるから，

$$\boxed{0} \leqq a \leqq \sqrt{\boxed{5}}.$$

20

ア＝2，イ＝7，ウ＝4，エ＝7，オ＝2，カ＝4，キク＝−3.

ポイント

「与えられた実数 α を解にもつような 2 次方程式で，係数が整数であるものを求める」というテーマは重要だ.

例えば $\alpha=1+\sqrt{3}$ が $x^2+mx+n=0$ の解となるような整数 m，n は，次の手順で定めればよい.

(step 1)　$\alpha-1=\sqrt{3}$ とする．すなわち，**右辺を $\sqrt{\ }$ のついた数のみにする**.

(step 2)　$(\alpha-1)^2=(\sqrt{3})^2=3$ となる．すなわち，**両辺を 2 乗して $\sqrt{\ }$ を用いない式にする**.

(step 3)　上で得た式を展開して整理すると

$$\alpha^2-2\alpha-2=0$$

となるので，α は

$$x^2-2x-2=0$$

の解であるとわかり，この場合は $m=-2$，$n=-2$ となる.

この手順がすぐ実行できるように練習しておこう.

解説

$$x^2-4x-3=0$$

の解は，

$$x=2\pm\sqrt{7}.$$

2 次方程式 $ax^2+2Bx+c=0$（x の係数が 2 の倍数）の解は $x=\dfrac{-B\pm\sqrt{B^2-ac}}{a}$. これが計算しやすい.

$2<\sqrt{7}<3$ より，このうち正のものは，

$$x=\boxed{2}+\sqrt{\boxed{7}}.$$

$2<\sqrt{7}<3$ より，

$$4<2+\sqrt{7}<5.$$

$\sqrt{4}<\sqrt{7}<\sqrt{9}$ より，$2<\sqrt{7}<3$ となる．$\sqrt{7}$ の近似値を覚えているわけではない.

よって，$2+\sqrt{7}$ の整数部分 m は，

$$m=\boxed{4}.$$

$2+\sqrt{7}$ の小数部分 α は，

$$\begin{aligned}\alpha&=(2+\sqrt{7})-4\\&=\sqrt{\boxed{7}}-\boxed{2}.\end{aligned}$$

このとき，

$$\alpha+2=\sqrt{7}.$$

$$(\alpha+2)^2=(\sqrt{7})^2=7.$$

$$\alpha^2+4\alpha+4=7.$$

よって，

$$\alpha^2+4\alpha-3=0.$$

$\alpha=\sqrt{7}-2$ を解にもつ整数係数の2次方程式は，こうやって作る．

つまり，α は

$$x^2+4x-3=0$$

の解となるから，

$$p=\boxed{4},\quad q=\boxed{-3}.$$

第3章　図形と計量

21

ア＝5，イ＝2，ウエ＝15，オカ＝45，キクケ＝120，コ＝3，サ＝1，シ＝2，ス＝6．

ポイント

(1)　三角比の定義を確認しよう．

角 θ（$0^\circ<\theta<90^\circ$）を一つの角にもつ直角三角形を作り，右図のように辺の長さを定め，

$$\sin\theta=\frac{a}{c},\quad \cos\theta=\frac{b}{c},\quad \tan\theta=\frac{a}{b}$$

と定める．

この定義を用いると，例えば

「$\tan\theta=2=\dfrac{2}{1}$，

$0^\circ<\theta<90^\circ$」

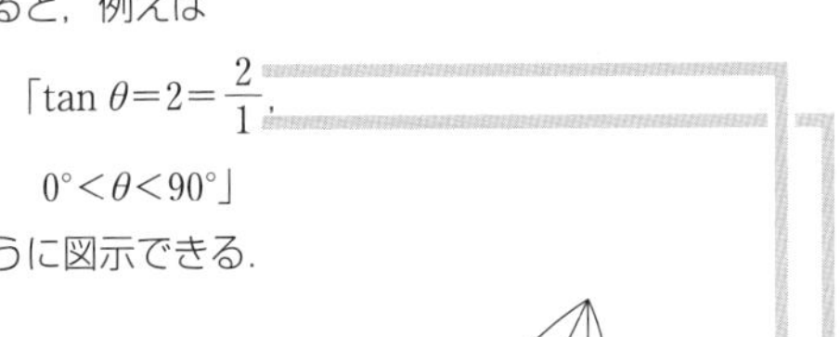

という θ は次のように図示できる．

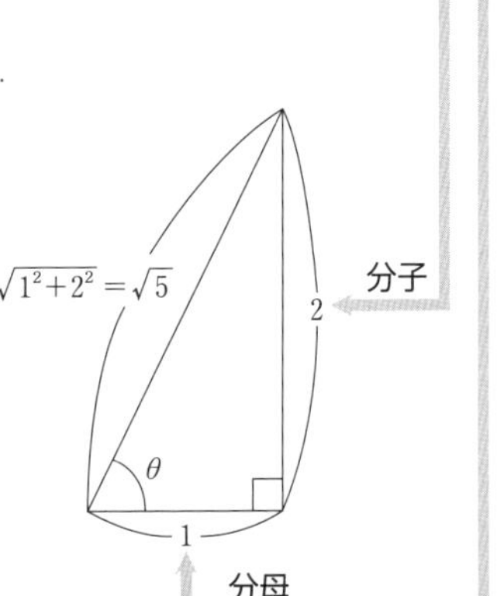

この図から，$\sin\theta=\dfrac{2}{\sqrt{5}}$，$\cos\theta=\dfrac{1}{\sqrt{5}}$ とすぐわかる．（次ページの〔別解〕を見よ）

解説

(1)
$$\frac{1}{1+\cos\theta}+\frac{1}{1-\cos\theta}=\frac{(1-\cos\theta)+(1+\cos\theta)}{(1+\cos\theta)(1-\cos\theta)}$$
$$=\frac{2}{1-\cos^2\theta}=\frac{2}{\sin^2\theta}$$
$$=2\times\frac{\sin^2\theta+\cos^2\theta}{\sin^2\theta}$$

$\sin^2\theta+\cos^2\theta=1$
より，
$1-\cos^2\theta=\sin^2\theta$．

$$=2\left(1+\frac{1}{\tan^2\theta}\right)=2\left(1+\frac{1}{2^2}\right)$$

$$=\frac{\boxed{5}}{\boxed{2}}.$$

$\dfrac{\sin\theta}{\cos\theta}=\tan\theta$ より

$$\frac{\cos^2\theta}{\sin^2\theta}=\frac{1}{\left(\dfrac{\sin\theta}{\cos\theta}\right)^2}=\frac{1}{\tan^2\theta}.$$

〔別解〕

$\cos\theta$ の値を求めてそれを代入してもよい.

$\cos\theta=\dfrac{1}{\sqrt{5}}$（右図参照）だから,

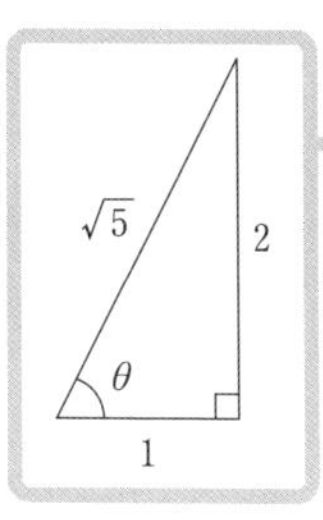

$\tan\theta=2$ と
$0°<\theta<90°$ から,
この図が描ける.

$$(\text{与式})=\frac{1}{1+\dfrac{1}{\sqrt{5}}}+\frac{1}{1-\dfrac{1}{\sqrt{5}}}$$

$$=\frac{\sqrt{5}}{\sqrt{5}+1}+\frac{\sqrt{5}}{\sqrt{5}-1}$$

$$=\frac{5-\sqrt{5}+5+\sqrt{5}}{(\sqrt{5}+1)(\sqrt{5}-1)}$$

$$=\frac{5}{2}.$$

（別解終り）

(2)　$\angle B=3\angle A$, $\angle C=8\angle A$ より

$$\angle A+\angle B+\angle C=12\angle A.$$

一方, $\angle A+\angle B+\angle C=180°$ だから,

$$12\angle A=180°.$$

$$\therefore\quad \angle A=\boxed{15}°.$$

よって,

$$\angle B=\boxed{45}°,\ \angle C=\boxed{120}°.$$

次に, A から直線 BC に下ろした垂線の足を H とすると,

$$\angle ACH=180°-120°=60°.$$

したがって,

$$CH:CA:AH=1:2:\sqrt{3}.$$

また, 三角形 ABH は HA=HB の直角二等辺三角形である.

よって, CH=1 として図を描くと右図が得られる.

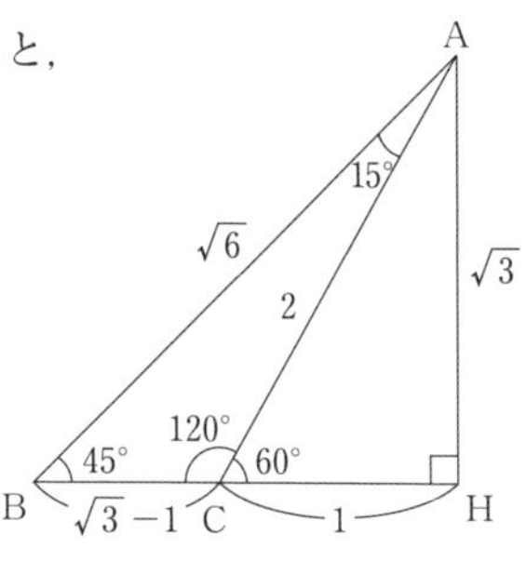

ゆえに,

$$BC:CA:AB=\left(\sqrt{\boxed{3}}-\boxed{1}\right):\boxed{2}:\sqrt{\boxed{6}}.$$

〔別解〕

後半部分については，正弦定理および数学Ⅱの加法定理を利用して次のように求めることもできる．

三角形 ABC に正弦定理を適用して，

$$\frac{\mathrm{BC}}{\sin 15^\circ}=\frac{\mathrm{CA}}{\sin 45^\circ}=\frac{\mathrm{AB}}{\sin 120^\circ}.$$

$$\therefore\quad \mathrm{BC}:\mathrm{CA}:\mathrm{AB}=\sin 15^\circ:\sin 45^\circ:\sin 120^\circ.$$

正弦定理
三角形 ABC の外接円の半径を R とすると

$$\frac{a}{\sin A}=\frac{b}{\sin B}=\frac{c}{\sin C}=2R.$$

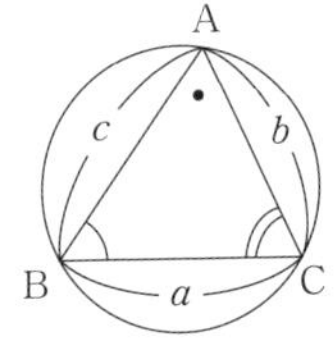

ここから

$$a:b:c=\sin A:\sin B:\sin C$$

が成り立つとわかる．

ここで，

$$\begin{aligned}\sin 15^\circ&=\sin(45^\circ-30^\circ)\\&=\sin 45^\circ\cdot\cos 30^\circ-\cos 45^\circ\cdot\sin 30^\circ\ （加法定理）\\&=\frac{\sqrt{2}}{2}\cdot\frac{\sqrt{3}}{2}-\frac{\sqrt{2}}{2}\cdot\frac{1}{2}\\&=\frac{\sqrt{6}-\sqrt{2}}{4}.\end{aligned}$$

また，

$$\sin 45^\circ=\frac{\sqrt{2}}{2},\quad \sin 120^\circ=\frac{\sqrt{3}}{2}.$$

以上より，

$$\begin{aligned}\mathrm{BC}:\mathrm{CA}:\mathrm{AB}&=\frac{\sqrt{6}-\sqrt{2}}{4}:\frac{\sqrt{2}}{2}:\frac{\sqrt{3}}{2}\\&=(\sqrt{6}-\sqrt{2}):2\sqrt{2}:2\sqrt{3}\\&=(\sqrt{3}-1):2:\sqrt{6}.\end{aligned}$$

（別解終り）

22

アイ＝−1，ウ＝4，エ＝8，オカ＝15，キク＝15，ケ＝6，コ＝6，サ＝4，シ＝6，ス＝3．

ポイント

三角比の基本的な定理を確認しよう．

余弦定理

右図のように三角形 ABC の辺の長さを定めると

$$a^2=b^2+c^2-2bc\cos A.$$

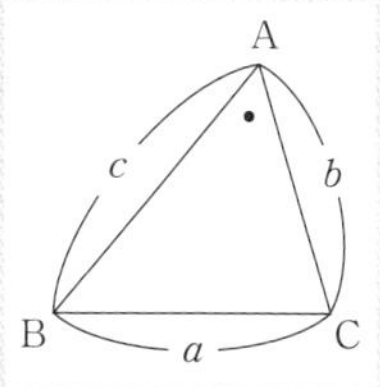

これは ∠A＝90° のときは，$\cos 90°=0$ より $a^2=b^2+c^2$ となるから，三平方の定理になる．つまり，三平方の定理を直角三角形以外にも適用できるように一般化したのが，余弦定理だ．

$\cos A$ について解けば

$$\cos A=\frac{b^2+c^2-a^2}{2bc}$$

となる．この形でもよく使う．

正弦定理

三角形 ABC の外接円の半径を R とすると

$$\frac{a}{\sin A}=\frac{b}{\sin B}=\frac{c}{\sin C}=2R.$$

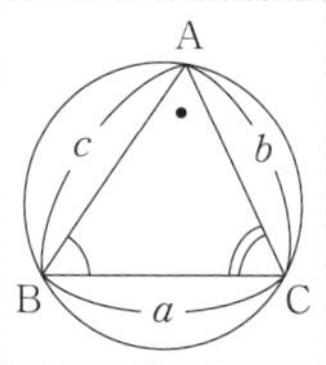

分数の値が等しいときは，分子の比と分母の比は一致するから

$$\sin A : \sin B : \sin C=a : b : c$$

となる．左辺の比と右辺の比のどちらかを聞かれたとき，求めにくいなぁと思ったら，他方の比を考えてみるとよいのだよ．（問題 **21**(2) の別解を参照せよ．）

解説

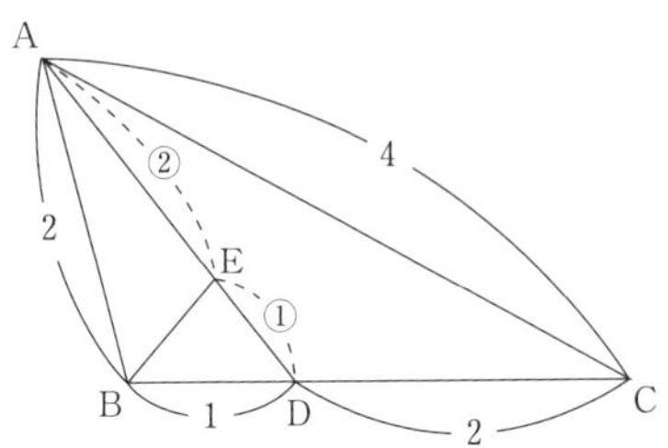

(1) 三角形 ABC に余弦定理を適用して,

$$\cos\angle\mathrm{ABC}=\frac{\mathrm{BA}^2+\mathrm{BC}^2-\mathrm{AC}^2}{2\cdot\mathrm{BA}\cdot\mathrm{BC}}=\frac{2^2+3^2-4^2}{2\cdot2\cdot3}$$

$$=\frac{4+9-16}{2\cdot2\cdot3}$$

$$=\frac{\boxed{-1}}{\boxed{4}}.$$

余弦定理

$a^2=b^2+c^2-2bc\cos A.$

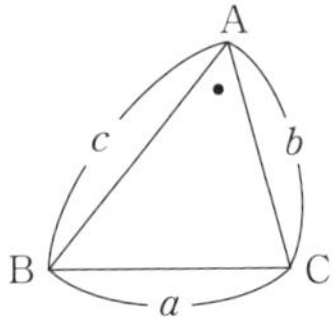

ここから

$\cos A=\dfrac{b^2+c^2-a^2}{2bc}.$

(2) $\angle\mathrm{ABC}=\beta$ とおくと, $\cos\beta=-\dfrac{1}{4}.$

$\sin^2\beta+\cos^2\beta=1$ で $\sin\beta>0$ だから,

$$\sin\beta=\sqrt{1-\cos^2\beta}=\sqrt{1-\left(-\frac{1}{4}\right)^2}=\sqrt{\frac{15}{16}}$$

$$=\frac{\sqrt{15}}{4}.$$

いま, 三角形 ABC の外接円の半径を R とすれば, 正弦定理により,

$$2R=\frac{\mathrm{AC}}{\sin\beta}=\frac{4}{\frac{\sqrt{15}}{4}}=\frac{16}{\sqrt{15}}.$$

$$\therefore\quad R=\frac{\boxed{8}\sqrt{\boxed{15}}}{\boxed{15}}.$$

正弦定理

三角形 ABC の外接円の半径を R とすると

$\dfrac{a}{\sin A}=\dfrac{b}{\sin B}=\dfrac{c}{\sin C}=2R.$

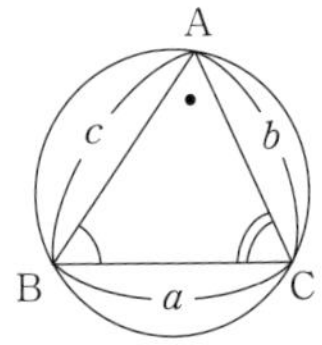

(3) BC=3 で, 点 D は辺 BC を 1 : 2 の比に内分するから

$$\mathrm{BD}=1.$$

三角形 ABD に余弦定理を適用して,

$$\mathrm{AD}^2=\mathrm{BA}^2+\mathrm{BD}^2-2\cdot\mathrm{BA}\cdot\mathrm{BD}\cdot\cos\beta$$

$$=2^2+1^2-2\cdot2\cdot1\cdot\left(-\frac{1}{4}\right)$$
$$=6.$$
$$\therefore\quad \mathrm{AD}=\sqrt{\boxed{6}}\,.$$

(4)　$\angle\mathrm{BDA}=\theta$ とする．

三角形 ABD に余弦定理を適用して，

$$\cos\theta=\frac{\mathrm{DB}^2+\mathrm{DA}^2-\mathrm{AB}^2}{2\cdot\mathrm{DB}\cdot\mathrm{DA}}=\frac{1^2+(\sqrt{6})^2-2^2}{2\cdot1\cdot\sqrt{6}}$$
$$=\frac{3}{2\sqrt{6}}=\frac{\sqrt{\boxed{6}}}{\boxed{4}}.$$

(5)　点 E は線分 AD を 2：1 の比に内分しているから

$$\mathrm{DE}=\frac{1}{3}\mathrm{DA}=\frac{\sqrt{6}}{3}.$$

三角形 BDE に余弦定理を適用して，

$$\mathrm{BE}^2=\mathrm{DB}^2+\mathrm{DE}^2-2\cdot\mathrm{DB}\cdot\mathrm{DE}\cdot\cos\theta$$
$$=1^2+\left(\frac{\sqrt{6}}{3}\right)^2-2\cdot1\cdot\frac{\sqrt{6}}{3}\cdot\frac{\sqrt{6}}{4}$$
$$=1+\frac{2}{3}-1$$
$$=\frac{2}{3}.$$
$$\therefore\quad \mathrm{BE}=\sqrt{\frac{2}{3}}=\frac{\sqrt{\boxed{6}}}{\boxed{3}}.$$

23

ア=5, イ=4, ウエオ=183, カ=3, キ=3, ク=9, ケコ=61, サ=2.

解説

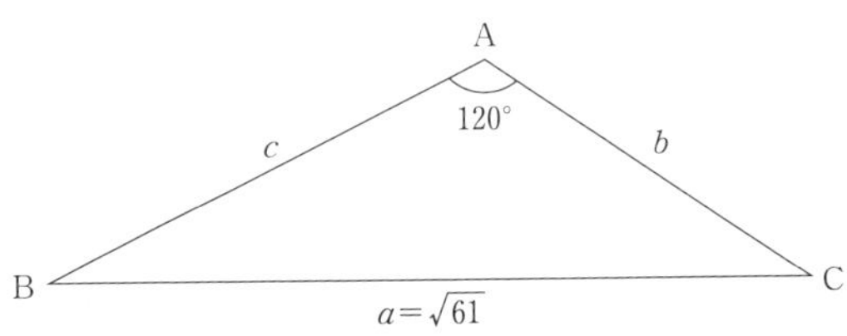

(1) 三角形 ABC の 3 辺の長さを,

$$BC=a,\ CA=b,\ AB=c$$

とおくと, 余弦定理により,

$$a^2=b^2+c^2-2bc\cos A.$$

余弦定理
$a^2=b^2+c^2$
$-2bc\cos A.$

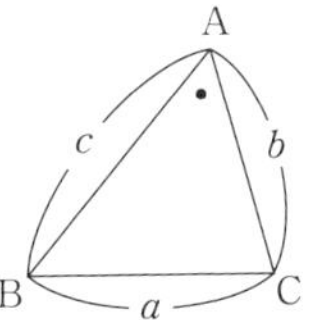

ここで, $a=\sqrt{61}$, $\angle A=120^\circ$ だから

$$61=b^2+c^2-2bc\cdot\cos 120^\circ$$

$$=b^2+c^2-2bc\cdot\left(-\frac{1}{2}\right).$$

$$\therefore\quad b^2+c^2+bc=61. \quad \cdots ①$$

また, (三角形 ABC の面積) $=5\sqrt{3}$ であるので, 面積公式により,

$$\frac{1}{2}bc\sin 120^\circ=5\sqrt{3}.$$

面積公式

$\triangle ABC$
$=\frac{1}{2}bc\sin A.$

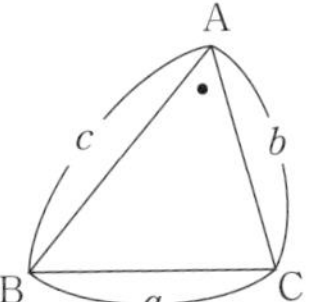

$$\therefore\quad \frac{1}{2}bc\cdot\frac{\sqrt{3}}{2}=5\sqrt{3}.$$

$$\therefore\quad bc=20. \quad \cdots ②$$

① の左辺を変形することにより,

$$(b+c)^2-bc=61.$$

② から,

$$(b+c)^2=81.$$

$$\therefore\quad b+c=9. \quad \cdots ③$$

②, ③ と $c>b$ ($\because$ AB>AC) より,

$$c=5,\ b=4.$$

$$\therefore \quad AB=\boxed{5},\ AC=\boxed{4}.$$

なお，最後のあたりは次のようにしてもよい．

②，③から b，c は x の2次方程式

$$x^2-9x+20=0$$

の2解である．この2次方程式を解くと，

$$(x-4)(x-5)=0$$

から，

$$x=4,\ 5.$$

$$\therefore \quad c=5,\ b=4.$$

(2)　まず，三角形ABCに正弦定理を適用して，

$$2R=\frac{a}{\sin A}=\frac{\sqrt{61}}{\frac{\sqrt{3}}{2}}$$

$$=\frac{2\sqrt{183}}{3}.$$

$$\therefore \quad R=\frac{\sqrt{\boxed{183}}}{\boxed{3}}.$$

正弦定理

三角形ABCの外接円の半径を R とすると

$$\frac{a}{\sin A}=\frac{b}{\sin B}=\frac{c}{\sin C}=2R.$$

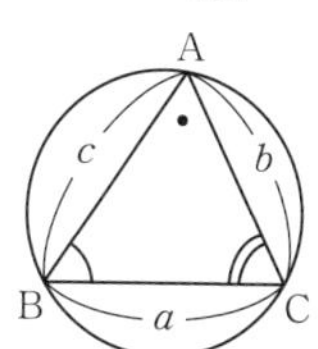

さて，一般に，三角形ABCの3辺の長さをa，b，cとし，その内接円の半径をrとすると次のことが成り立つ．

$$\triangle ABC=\frac{1}{2}(a+b+c)r.$$

【証明】 三角形ABCの内心をIとすると，

$$\begin{aligned}\triangle ABC&=\triangle IBC+\triangle ICA+\triangle IAB\\&=\frac{1}{2}ar+\frac{1}{2}br+\frac{1}{2}cr\\&=\frac{1}{2}(a+b+c)r.\end{aligned}$$

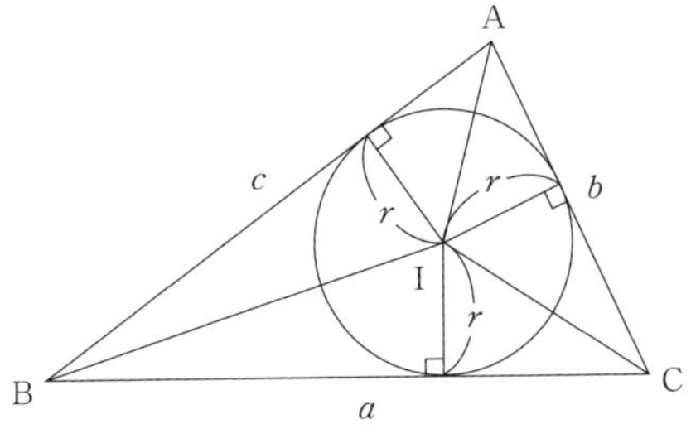

よって，

$$\begin{aligned}r&=2\times\frac{\triangle ABC}{a+b+c}=2\times\frac{5\sqrt{3}}{\sqrt{61}+4+5}\\&=\frac{10\sqrt{3}}{9+\sqrt{61}}=\frac{10\sqrt{3}(9-\sqrt{61})}{(9+\sqrt{61})(9-\sqrt{61})}=\frac{10\sqrt{3}(9-\sqrt{61})}{81-61}\\&=\frac{\sqrt{\boxed{3}}\left(\boxed{9}-\sqrt{\boxed{61}}\right)}{\boxed{2}}.\end{aligned}$$

24

ア＝5，イ＝6，ウ＝3，エ＝4，オカ＝32，キ＝7，ク＝7，ケコ＝40，サシ＝48.

ポイント

三角形の“高さ”が与えられて，辺の長さについて聞かれている問題だ.

“高さ”と辺と言えば…**面積に注目**しよう！

A から辺 BC に下ろした垂線の足を D とすると

$$\triangle ABC=\frac{1}{2}AD\cdot BC=\frac{1}{2}\cdot 15a$$

となる.

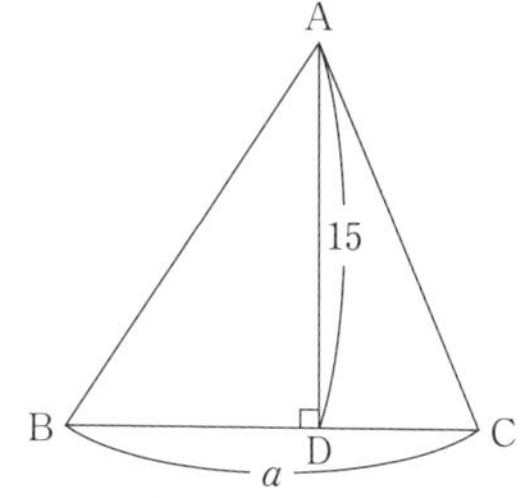

解説

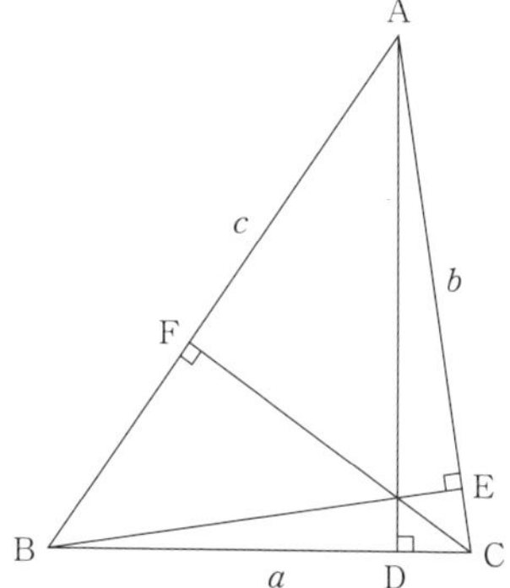

(1)　頂点 A，B，C から対辺へ下ろした垂線の足をそれぞれ D，E，F とすると題意から

$$AD=15,\ BE=12,\ CF=10.$$

さて，

$$\triangle ABC=\frac{1}{2}AD\cdot BC=\frac{1}{2}BE\cdot CA=\frac{1}{2}CF\cdot AB.$$

$$\therefore\quad \triangle ABC=\frac{1}{2}\cdot 15a=\frac{1}{2}\cdot 12b=\frac{1}{2}\cdot 10c.$$

$$\therefore\quad 15a=12b=10c.$$

いま，$15a=12b=10c=k$ $(k>0)$ とおけば，

三角形 ABC の面積に注目.

3つ以上の式の値が等しいときは，その値を k とおくと，扱いやすくなる.

$$a=\frac{1}{15}k,\quad b=\frac{1}{12}k,\quad c=\frac{1}{10}k.$$

$$\therefore\quad a:b:c=\frac{1}{15}:\frac{1}{12}:\frac{1}{10}$$

$$=\frac{4}{60}:\frac{5}{60}:\frac{6}{60}$$

$$=4:\boxed{5}:\boxed{6}.$$

(2) (1) の結果により，

$$a=4l,\quad b=5l,\quad c=6l\quad (l>0)$$

とおける．三角形 ABC に余弦定理を適用して，

$$\cos A=\frac{b^2+c^2-a^2}{2bc}=\frac{(5l)^2+(6l)^2-(4l)^2}{2\cdot 5l\cdot 6l}$$

$$=\frac{5^2+6^2-4^2}{2\cdot 5\cdot 6}=\frac{45}{2\cdot 5\cdot 6}$$

$$=\frac{\boxed{3}}{\boxed{4}}.$$

余弦定理
$a^2=b^2+c^2$
$-2bc\cos A.$

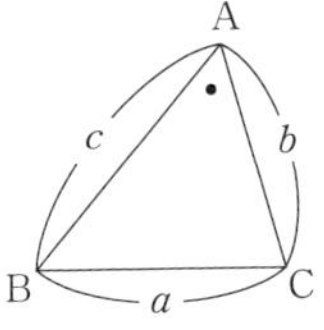

ここから
$\cos A$
$=\dfrac{b^2+c^2-a^2}{2bc}.$

(3) (2) の結果を利用すると，

$$\sin A=\sqrt{1-\cos^2 A}=\sqrt{1-\left(\frac{3}{4}\right)^2}=\frac{\sqrt{7}}{4}.$$

ところで，$\angle \mathrm{AEB}=90^\circ$ なので，

$$\frac{\mathrm{BE}}{\mathrm{AB}}=\sin A.$$

$$\therefore\quad c=\mathrm{AB}=\frac{\mathrm{BE}}{\sin A}=\frac{12}{\frac{\sqrt{7}}{4}}=\frac{48}{\sqrt{7}}.$$

また，(1) の結果により，

$$a=\frac{4}{6}c,\quad b=\frac{5}{6}c$$

だから，

$$a=\frac{4}{6}\cdot\frac{48}{\sqrt{7}}=\frac{32}{\sqrt{7}},\quad b=\frac{5}{6}\cdot\frac{48}{\sqrt{7}}=\frac{40}{\sqrt{7}}.$$

以上から，

$$a=\frac{\boxed{32}\sqrt{\boxed{7}}}{\boxed{7}},\quad b=\frac{\boxed{40}\sqrt{7}}{7},\quad c=\frac{\boxed{48}\sqrt{7}}{7}.$$

25

ア＝1，イ＝2，ウエオ＝105，カ＝9，キ＝6，ク＝2，ケ＝3，コ＝3，サシ＝35，ス＝3，セ＝3，ソ＝2.

ポイント

一般に，円 K の外部の点 B から円 K に接線を２本引くとき，接点をそれぞれ P，Q とすれば

$$BP = BQ$$

となる.（右図を見よ）

何故ならば，円は中心を通る直線について対称であるから，円 K の中心を O とすると右図が OB について対称となるからである.

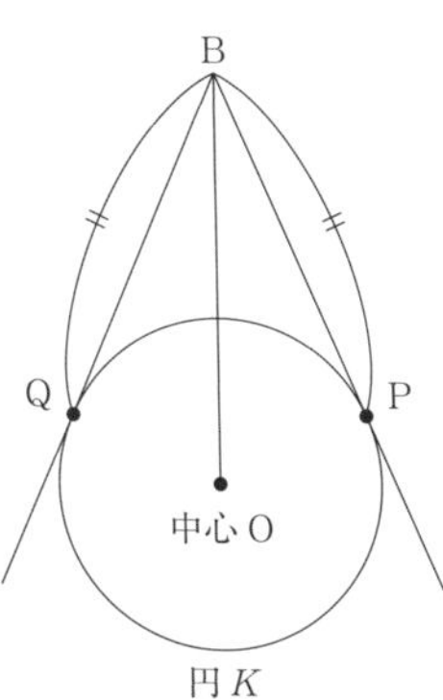

本問では，この性質を繰り返し用いる.「**円があって，B から接線を引く（接点が P と Q だ！）**，C からも接線を引く，A からも接線を引く」と見えれば OK だ.

解説

三角形 ABC の内接円を K とする.

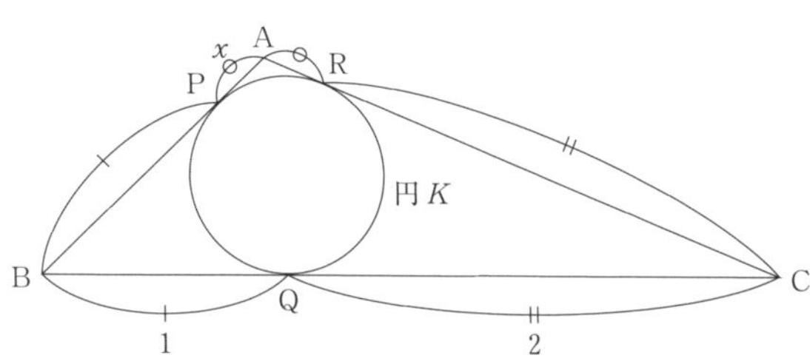

(1) B から円 K に引いた２接線の接点が P と Q であるから

$$BP = BQ$$

$= \boxed{1}$.

C から円 K に引いた２接線の接点が R と Q であるから

$CR = CQ = \boxed{2}$.

円の接線の性質

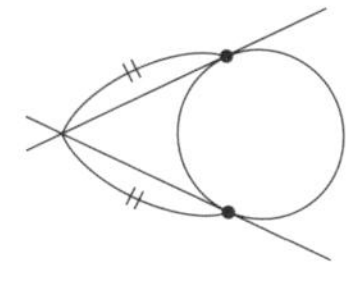

これも円の接線の性質.

(2)　Aから円Kに引いた2接線の接点がPとRであるからAP=ARとなるので，

これも円の接線の性質．

$$AP=AR=x$$

とおくと，(1)の結果により

$$AB=x+1,\quad AC=x+2.$$

三角形ABCに余弦定理を適用して，

$$BC^2=AB^2+AC^2-2AB\cdot AC\cdot\cos 120^\circ.$$

$$\therefore\quad 3^2=(x+1)^2+(x+2)^2-2(x+1)\cdot(x+2)\cdot\left(-\frac{1}{2}\right).$$

整理して，

$$3x^2+9x-2=0.$$

$x>0$だから，解の公式により

$$x=\frac{-9+\sqrt{9^2-4\cdot3\cdot(-2)}}{2\cdot3}=\frac{-9+\sqrt{105}}{6}.$$

$$\therefore\quad AP=\frac{\sqrt{\boxed{105}}-\boxed{9}}{\boxed{6}}.$$

(3)　(2)の結果により，

$$AB=x+1=\frac{\sqrt{105}-3}{6},\quad AC=x+2=\frac{\sqrt{105}+3}{6}.$$

$$\begin{aligned}\therefore\quad \triangle ABC&=\frac{1}{2}AB\cdot AC\cdot\sin 120^\circ\\&=\frac{1}{2}\cdot\frac{\sqrt{105}-3}{6}\cdot\frac{\sqrt{105}+3}{6}\cdot\frac{\sqrt{3}}{2}\\&=\frac{1}{2}\cdot\frac{96}{36}\cdot\frac{\sqrt{3}}{2}\\&=\frac{\boxed{2}\sqrt{\boxed{3}}}{\boxed{3}}.\end{aligned}$$

(4)　内接円の半径をrとすると，

三角形の内接円の半径の求め方は，問題**23**(2)の解説を参照せよ．

$$\begin{aligned}\triangle ABC&=\frac{1}{2}(AB+BC+CA)r\\&=\frac{1}{2}\left(\frac{\sqrt{105}-3}{6}+3+\frac{\sqrt{105}+3}{6}\right)r\\&=\frac{\sqrt{105}+9}{6}r.\end{aligned}$$

ここで，(3)の結果により，

$$\triangle ABC=\frac{2\sqrt{3}}{3}.$$

$$\therefore\quad \frac{\sqrt{105}+9}{6}r=\frac{2\sqrt{3}}{3}.$$

$$\begin{aligned}\therefore\quad r&=\frac{2\sqrt{3}}{3}\times\frac{6}{\sqrt{105}+9}\\&=\frac{2\sqrt{3}}{3}\times\frac{6(\sqrt{105}-9)}{105-81}\\&=\frac{\sqrt{3}(\sqrt{105}-9)}{6}\\&=\frac{\sqrt{\boxed{35}}-\boxed{3}\sqrt{\boxed{3}}}{\boxed{2}}.\end{aligned}$$

26

アイ＝79，ウエ＝13，オカ＝37，キク＝13，ケコ＝13，サシ＝18.

ポイント

この問題では円周角の性質を確認しよう.

定円において，1つの弧に対する円周角は一定である.（右図を見よ）

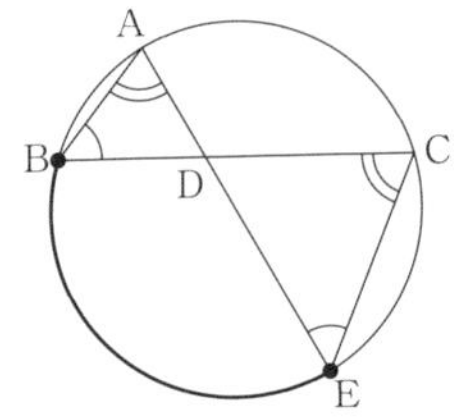

このことから，円の問題では**相似な三角形**が図に色々現れることに注意しよう.

例えば，右の図では

$\angle BAD = \angle ECD$（太線の $\overset{\frown}{BE}$ に対する円周角），

$\angle ABD = \angle CED$（$\overset{\frown}{AC}$ に対する円周角）

より，$\triangle ABD \sim \triangle CED$ となる.

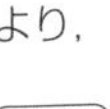

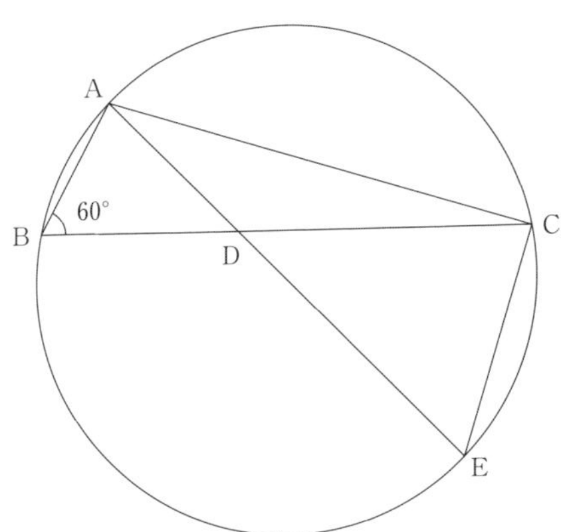

(1)　三角形 ABC に余弦定理を適用して，

$$AC^2 = BA^2 + BC^2 - 2 \cdot BA \cdot BC \cdot \cos 60^\circ$$
$$= 3^2 + 10^2 - 2 \cdot 3 \cdot 10 \cdot \frac{1}{2}$$
$$= 79.$$

$$\therefore \quad AC = \sqrt{\boxed{79}}.$$

さて，BD : DC＝2 : 3 で，BD＋DC＝10 だから

$$BD=4,\ DC=6.$$

三角形ABDに余弦定理を適用して,

$$AD^2=BA^2+BD^2-2\cdot BA\cdot BD\cdot\cos 60^\circ$$
$$=3^2+4^2-2\cdot3\cdot4\cdot\frac{1}{2}$$
$$=13.$$
$$\therefore\quad AD=\sqrt{\boxed{13}}.$$

(2) 円周角の定理により,

$$\begin{cases}\angle ABC=\angle CEA,\\ \angle BAE=\angle ECB\end{cases}$$

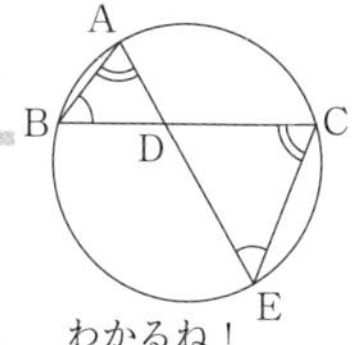

わかるね！

が成り立つので,

$$\triangle ABD\backsim\triangle CED.$$

よって,

$$\frac{BD}{AD}=\frac{ED}{CD}, \qquad \cdots①$$
$$\frac{AB}{AD}=\frac{CE}{CD}. \qquad \cdots②$$

① および(1)の結果により,

$$\frac{4}{\sqrt{13}}=\frac{ED}{6}.$$
$$\therefore\quad ED=\frac{24}{\sqrt{13}}.$$

よって,

$$AE=AD+DE$$
$$=\sqrt{13}+\frac{24}{\sqrt{13}}=\frac{13+24}{\sqrt{13}}$$
$$=\frac{37}{\sqrt{13}}=\frac{\boxed{37}\sqrt{\boxed{13}}}{\boxed{13}}.$$

また, ② から,

$$\frac{3}{\sqrt{13}}=\frac{CE}{6}.$$
$$\therefore\quad CE=\frac{18}{\sqrt{13}}=\frac{\boxed{18}\sqrt{13}}{13}.$$

27

ア＝3, イ＝2, ウ＝2, エ＝3, オ＝6, カ＝3, キ＝3, ク＝3, ケ＝3, コ＝9, サ＝2, シ＝3, ス＝3.

ポイント

円に内接する四角形は，向かい合う角の和が 180° となる.

例えば四角形 ABCD が円に内接するとき（右図），

$$\angle \mathbf{ABC} + \angle \mathbf{ADC} = \mathbf{180^\circ}$$

である.

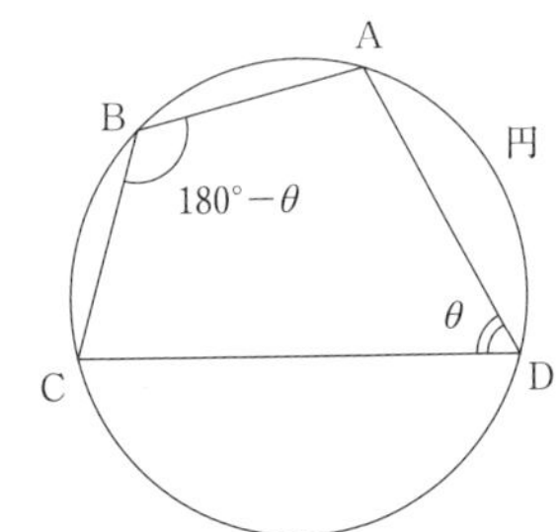

何故ならば，この円の中心を O とするとき，右下図のように角 α, β を定めると，$\alpha+\beta=360^\circ$ であり

$$(\text{円周角}) = \frac{1}{2}(\text{中心角})$$

より

$$\angle \mathrm{ABC} = \frac{1}{2}\alpha,\quad \angle \mathrm{ADC} = \frac{1}{2}\beta.$$

よって，

$$\angle \mathrm{ABC} + \angle \mathrm{ADC} = \frac{1}{2}(\alpha+\beta) = \frac{1}{2}\cdot 360^\circ = 180^\circ$$

となる.

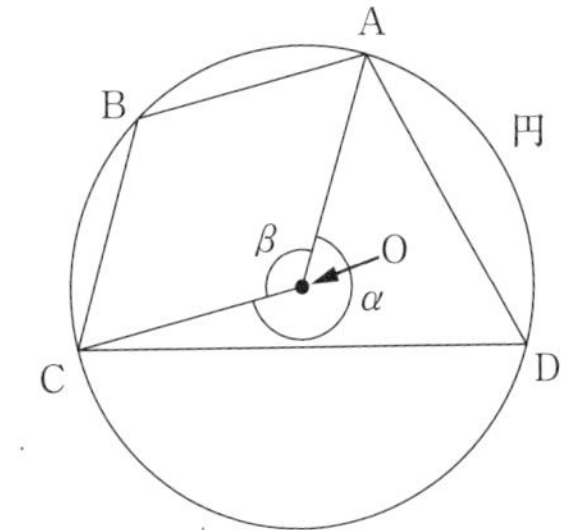

解説

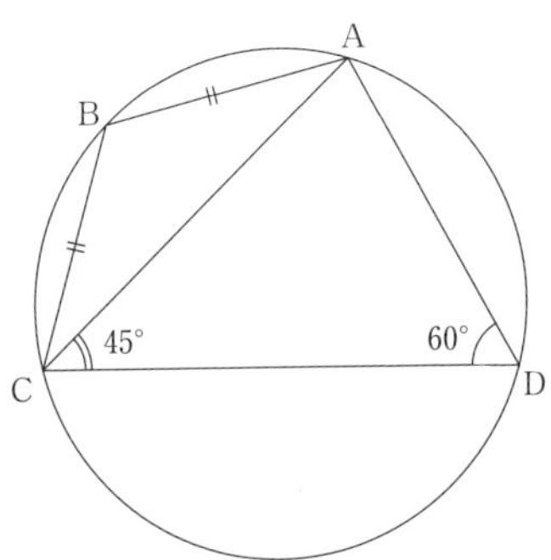

(1) 三角形 ACD の外接円の半径を R とすると,

$$R = \sqrt{6}.$$

よって，正弦定理により，

$$\frac{\mathrm{AC}}{\sin 60^\circ}=\frac{\mathrm{AD}}{\sin 45^\circ}=2R=2\sqrt{6}.$$

これから，

$$\mathrm{AC}=2\sqrt{6}\cdot\sin 60^\circ=2\sqrt{6}\cdot\frac{\sqrt{3}}{2}$$

$$=\boxed{3}\sqrt{\boxed{2}}.$$

また，

$$\mathrm{AD}=2\sqrt{6}\cdot\sin 45^\circ=2\sqrt{6}\cdot\frac{\sqrt{2}}{2}$$

$$=\boxed{2}\sqrt{\boxed{3}}.$$

(2)　円に内接する四角形においては，相対する内角の和は 180° であるから，

$$\angle\mathrm{ABC}+\angle\mathrm{ADC}=180^\circ$$

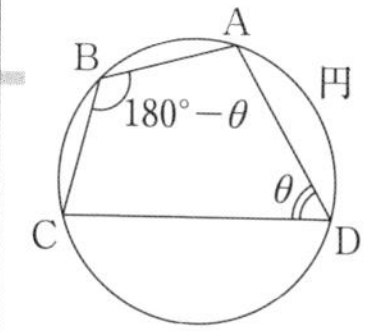

$$\therefore\quad \angle\mathrm{ABC}=180^\circ-\angle\mathrm{ADC}=120^\circ.$$

いま，AB＝BC＝x (>0) とおくと，三角形 ABC に余弦定理を適用して，

$$\mathrm{AC}^2=x^2+x^2-2\cdot x^2\cdot\cos 120^\circ.$$

$$\therefore\quad 18=2x^2+x^2.$$

$$\therefore\quad x^2=6.$$

よって，

$$\mathrm{AB}=\mathrm{BC}=x=\sqrt{\boxed{6}}.$$

〔別解〕

余弦定理を用いないで，次のように AB を求めることもできる．

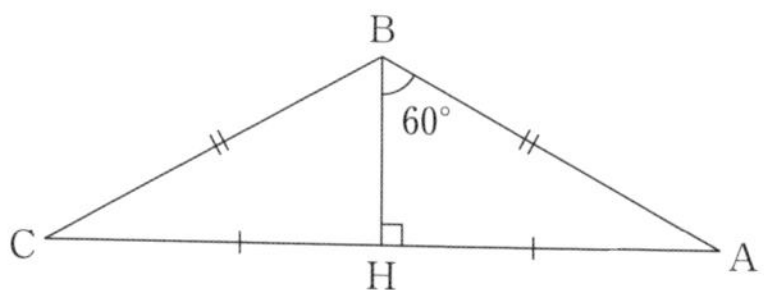

B から AC に垂線を下ろし，その足を H とすると，BA＝BC なので H は線分 AC の中点であり，また BH は ∠ABC を 2 等分する．

$$\therefore \quad AH = AB \cdot \sin 60^\circ$$
$$= \frac{\sqrt{3}}{2} AB.$$

一方，

$$AH = \frac{1}{2} AC = \frac{3\sqrt{2}}{2}.$$

よって，

$$\frac{\sqrt{3}}{2} AB = \frac{3\sqrt{2}}{2}.$$
$$\therefore \quad AB = \sqrt{6}.$$

（別解終り）

(3)

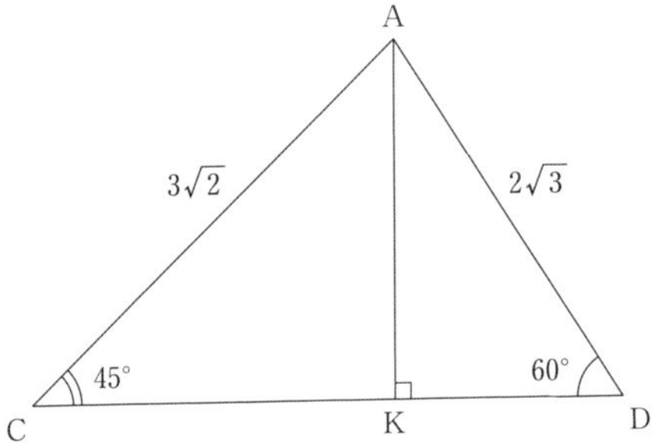

三角形 ACD において，頂点 A から辺 CD に垂線を下ろし，その足を K とすると，

$$CD = CK + DK$$
$$= AC \cdot \cos 45^\circ + AD \cdot \cos 60^\circ$$
$$= 3\sqrt{2} \cdot \frac{1}{\sqrt{2}} + 2\sqrt{3} \cdot \frac{1}{2}$$
$$= \boxed{3} + \sqrt{\boxed{3}}.$$

つぎに，BD の長さを求めよう．

さて，BA＝BC で，∠ABC＝120° なので，

$$\angle BCA = \angle BAC = \frac{1}{2}(180^\circ - 120^\circ) = 30^\circ.$$
$$\therefore \quad \angle BCD = \angle BCA + \angle ACD$$
$$= 30^\circ + 45^\circ$$
$$= 75^\circ.$$

この考え方と同様にして，一般に，三角形 ABC において
$BC = AB\cos B + AC\cos C$
が成り立つ．

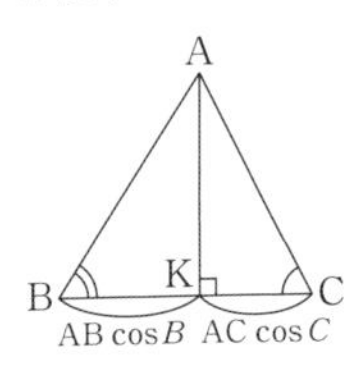

この定理を「第 1 余弦定理」という．（∠B や ∠C が鈍角でも成り立つ．）

一方，円周角の定理により，

$$\angle \mathrm{CBD} = \angle \mathrm{CAD} = 180^\circ - (45^\circ + 60^\circ) = 75^\circ.$$

よって，三角形BCDはDB＝DCなる二等辺三角形である．

$$\therefore\ \mathrm{BD} = \mathrm{CD} = \boxed{3} + \sqrt{\boxed{3}}$$

(4)

$$\triangle \mathrm{ABC} = \frac{1}{2}\mathrm{BA}\cdot\mathrm{BC}\cdot\sin 120^\circ = \frac{1}{2}\cdot(\sqrt{6})^2\cdot\frac{\sqrt{3}}{2} = \frac{3\sqrt{3}}{2}.$$

$$\triangle \mathrm{ACD} = \frac{1}{2}\mathrm{CA}\cdot\mathrm{CD}\cdot\sin 45^\circ = \frac{1}{2}\cdot 3\sqrt{2}\cdot(3+\sqrt{3})\cdot\frac{1}{\sqrt{2}} = \frac{9+3\sqrt{3}}{2}.$$

四角形ABCDの面積を求めるには，△ABCと△ACDに分ける．

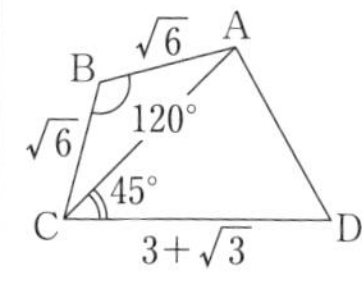

よって，

$$(\text{四角形ABCDの面積}) = \frac{3\sqrt{3}}{2} + \frac{9+3\sqrt{3}}{2} = \frac{\boxed{9}}{\boxed{2}} + \boxed{3}\sqrt{\boxed{3}}.$$

第 4 章　データの分析

28

ア＝5，イ＝2，ウ＝9，エ．オ＝5.0，カ．キ＝9.2．

ポイント

「データの分析」は用語が多いが，**定義を正しく覚える**ことさえすれば，難しくない．代表的な用語を確認しよう．

- **中央値**

　データの値を小さい順に並べたとき，中央の位置に来る値を**中央値**という．

　つまり，データの値を小さい順に並べたとき

　(i)　データが $2n-1$ 個（n は正の整数）なら，n 番目が**中央値**．

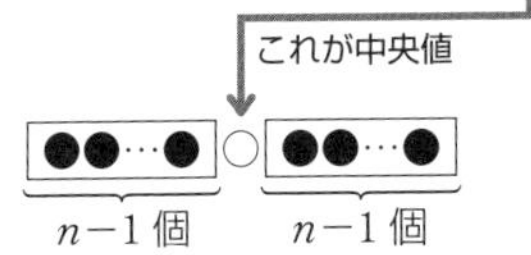

　(ii)　データが $2n$ 個（n は正の整数）なら，n 番目と $n+1$ 番目の平均が**中央値**．

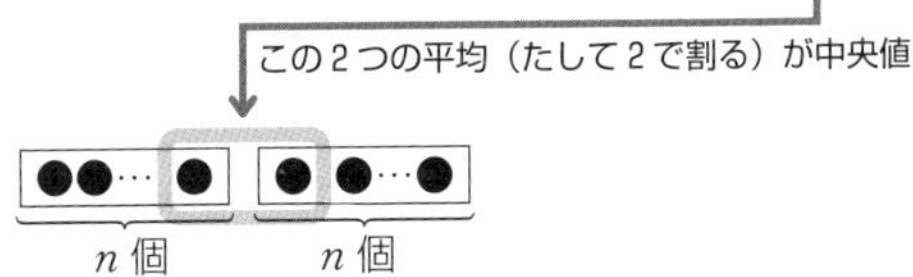

- **四分位数**

　データの値を小さい順に並べたとき，それらを 4 等分する区切りの値を小さい順に，**第 1 四分位数**，**第 2 四分位数**（これは中央値のこと），**第 3 四分位数**という．

　つまり，データの値を小さい順に並べたとき

　(i)　データが $2n-1$ 個（n は正の整数）のとき．

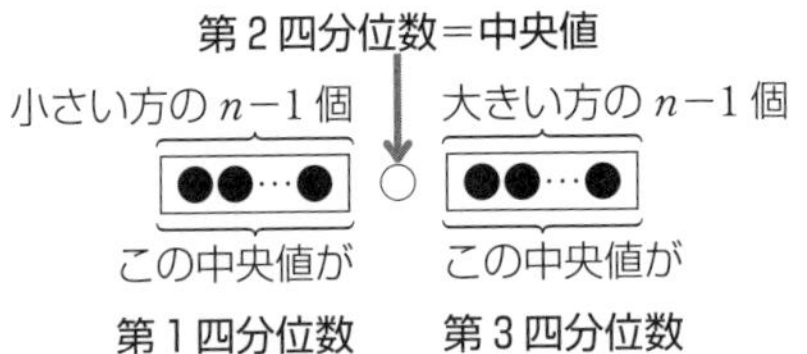

　(ii)　データが $2n$ 個（n は正の整数）のとき．

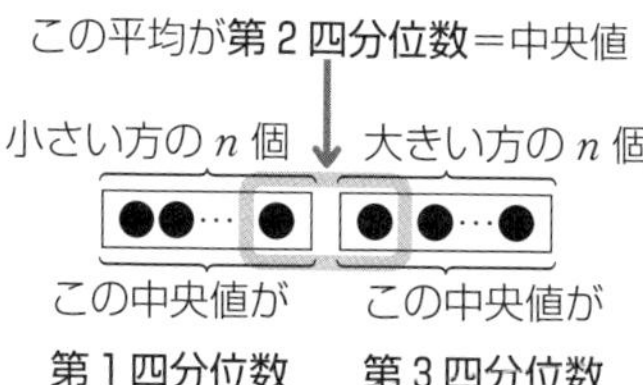

• 平均値，分散

n 個の値 x_1，x_2，x_3，…，x_n からなるデータについて，その**平均値** $\overline{x}$ を

$$\overline{x}=\frac{x_1+x_2+x_3+\cdots+x_n}{n}=\frac{\sum_{k=1}^{n}x_k}{n}$$

と定める．

さらに，x_k が $\overline{x}$ からずれている度合いを $(x_k-\overline{x})^2$ と考え（2乗しているのは，$\overline{x}$ より大きい方にずれていることと，$\overline{x}$ より小さい方にずれていることを区別しないため），その平均値を**分散**といい，s^2 と表す．すなわち

$$s^2=\frac{(x_1-\overline{x})^2+(x_2-\overline{x})^2+\cdots+(x_n-\overline{x})^2}{n}=\frac{\sum_{k=1}^{n}(x_k-\overline{x})^2}{n}.$$

解説

5人の得点を小さい順に並べると

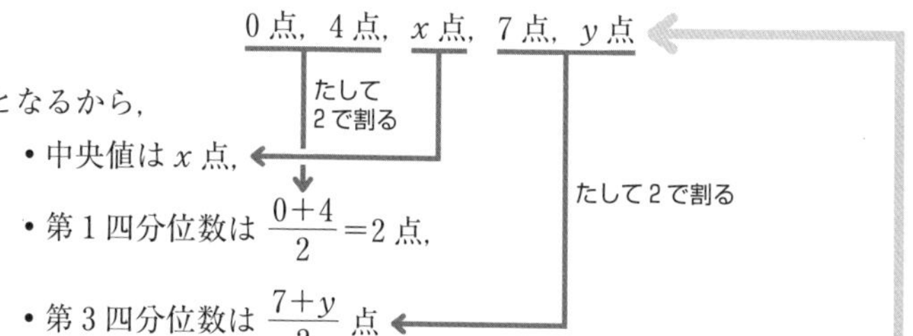

0点，4点，x点，7点，y点

となるから，

• 中央値は x 点，

• 第１四分位数は $\frac{0+4}{2}=2$ 点，

• 第３四分位数は $\frac{7+y}{2}$ 点

となる．

中央値は5点なので，$x=$ 5 ．

第１四分位数は， 2 点．

第３四分位数は8点であるから $\frac{7+y}{2}=8$ となり，$y=9$．

最高点は y 点なので， 9 点．

5人の得点は小さい順に

四分位数の求め方

$2n-1$ 個（n は正の整数）のデータについて，それらを小さい順に並べ

• 1番目から $n-1$ 番目までのデータの中央値が第１四分位数

• $n+1$ 番目から $2n-1$ 番目までのデータの中央値が第３四分位数

となる．

5人の得点の場合は，小さい順に

2人，1人，2人

とわけて考える．

0 点，4 点，5 点，7 点，9 点.

となるので，この平均値は

$$\frac{0+4+5+7+9}{5}=\boxed{5}.\boxed{0}\text{点.}$$

分散は

$$\frac{(0-5)^2+(4-5)^2+(5-5)^2+(7-5)^2+(9-5)^2}{5}$$

$$=\boxed{9}.\boxed{2}.$$

分散の求め方
n 個の値 x_k $(1\leqq k\leqq n)$ からなるデータの平均値を $\overline{x}$ とするとき，このデータの分散 s^2 は

$$s^2=\frac{\sum_{k=1}^{n}(x_k-\overline{x})^2}{n}.$$

29

ア.イ=5.0，ウ.エ=4.0，オ.カ=2.0，キ.ク=5.0，ケ.コ=8.0，サ.シ=2.8，ス.セ=0.7.

ポイント

「データの分析」の代表的な用語を確認しよう.

- **標準偏差**

n 個の値 x_1，x_2，x_3，…，x_n からなるデータについて，その**平均値**を $\overline{x}$ とし，**分散**を s^2 $(s\geqq0)$ とする．すなわち

$$s^2=\frac{(x_1-\overline{x})^2+(x_2-\overline{x})^2+\cdots+(x_n-\overline{x})^2}{n}=\frac{\sum_{k=1}^{n}(x_k-\overline{x})^2}{n}.$$

さらに，分散の正の平方根 s を**標準偏差**という．すなわち

$$s=\sqrt{s^2}=\sqrt{\frac{\sum_{k=1}^{n}(x_k-\overline{x})^2}{n}}.$$

- **相関，共分散，相関係数**

2 つの変量 x，y のデータが，n 個の組 $(x_1,\ y_1)$，$(x_2,\ y_2)$，…，$(x_n,\ y_n)$ で与えられていて，x の平均値を $\overline{x}$，y の平均値を $\overline{y}$ とする.

x の値が大きくなると y の値も大きくなる傾向があるとき，x と y には**正の相関**があるという.

x の値が大きくなると y の値が小さくなる傾向があるとき，x と y には**負の相関**があるという.

x と y に**正の相関**があるとき，$x_k-\overline{x}$ と $y_k-\overline{y}$ は「ともに正」あるいは「ともに負」となりやすいはずなので，$(x_k-\overline{x})(y_k-\overline{y})$ は正になりやすいはずである.

x と y に**負の相関**があるとき，$x_k-\overline{x}$ と $y_k-\overline{y}$ は「一方が正，他方が負」となりやすいはずなので，$(x_k-\overline{x})(y_k-\overline{y})$ は負になりやすいはずである．

そこで，x と y の**共分散** s_{xy} を，$(x_k-\overline{x})(y_k-\overline{y})$ の平均値として

$$s_{xy}=\frac{(x_1-\overline{x})(y_1-\overline{y})+(x_2-\overline{x})(y_2-\overline{y})+\cdots+(x_n-\overline{x})(y_n-\overline{y})}{n}$$

$$=\frac{\sum_{k=1}^{n}(x_k-\overline{x})(y_k-\overline{y})}{n}$$

と定める．

$s_{xy}>0$ のときは x と y は**正の相関**があると考えられ，$s_{xy}<0$ のときは x と y は**負の相関**があると考えられる．

さらに，相関の強弱をみるために，共分散 s_{xy} を x の標準偏差 s_x と y の標準偏差 s_y で割った値を考え，これを**相関係数**といい，r で表す．すなわち

$$r=\frac{s_{xy}}{s_x s_y}.$$

相関係数 r については，次が成り立つ．

(i)　$-1\leqq r\leqq 1$．

(ii)　r が 1 に近いほど，強い正の相関がある．

(iii)　r が -1 に近いほど，強い負の相関がある．

(iv)　r が 0 に近いときは，相関は弱い．

解説

テスト A の得点を x とし，その平均値を $\overline{x}$ とすると

$$\overline{x}=\frac{2+4+5+6+8}{5}=\boxed{5}.\boxed{0}\text{ 点}.$$

分散を $s_x{}^2$ と表すと

$$s_x{}^2=\frac{(2-5)^2+(4-5)^2+(5-5)^2+(6-5)^2+(8-5)^2}{5}$$

$$=\boxed{4}.\boxed{0}.$$

標準偏差 s_x は

$$s_x=\sqrt{s_x{}^2}=\sqrt{4}=\boxed{2}.\boxed{0}.$$

標準偏差は $\sqrt{\text{分散}}$

テスト B の得点を y とし，その平均値を $\overline{y}$ とすると

$$\overline{y}=\frac{3+5+1+7+9}{5}=\boxed{5}.\boxed{0}\text{ 点}.$$

分散を $s_y{}^2$ と表すと

$$s_y{}^2=\frac{(3-5)^2+(5-5)^2+(1-5)^2+(7-5)^2+(9-5)^2}{5}$$

$$=\boxed{8}.\boxed{0}.$$

標準偏差 s_y は

$$s_y=\sqrt{s_y{}^2}=\sqrt{8}=2\sqrt{2}=\boxed{2}.\boxed{8}.$$

よって，テスト A の得点 x とテスト B の得点 y について，$x-\overline{x}=x-5$ と $y-\overline{y}=y-5$ を表にすると次のようになる．

生　徒	①	②	③	④	⑤
x	2	4	5	6	8
y	3	5	1	7	9
$x-\overline{x}$	-3	-1	0	1	3
$y-\overline{y}$	-2	0	-4	2	4
$(x-\overline{x})(y-\overline{y})$	6	0	0	2	12

x，y の平均値を $\overline{x}$，$\overline{y}$ とするとき，x と y の共分散 s_{xy} は，$(x-\overline{x})(y-\overline{y})$ の平均値なので，まずはこのような表を作ろう．

よって，テスト A の得点 x とテスト B の得点 y の共分散は

$$s_{xy}=\frac{6+0+0+2+12}{5}=4.$$

共分散の求め方

2 つの変量 x，y のデータが，n 個の組 $(x_k,\ y_k)$ $(1\leqq k\leqq n)$ で与えられていて，x の平均値を $\overline{x}$，y の平均値を $\overline{y}$ とすると，x と y の共分散は

$$s_{xy}=\frac{\sum_{k=1}^{n}(x_k-\overline{x})(y_k-\overline{y})}{n}.$$

よって，テスト A の得点 x とテスト B の得点 y の相関係数 r は

$$r=\frac{s_{xy}}{s_x s_y}=\frac{4}{2\cdot 2.8}=\boxed{0}.\boxed{7}.$$

30

ア=4，イ=5，ウ=7，エ.オ=5.0，カ.キ=6.0，ク=2.

ポイント

データの散らばり具合を，最小値，第1四分位数，中央値（第2四分位数），第3四分位数，最大値の5つの数で表す方法を**5数要約**という.

これらを図示したものを**箱ひげ図**という.

箱ひげ図の見方

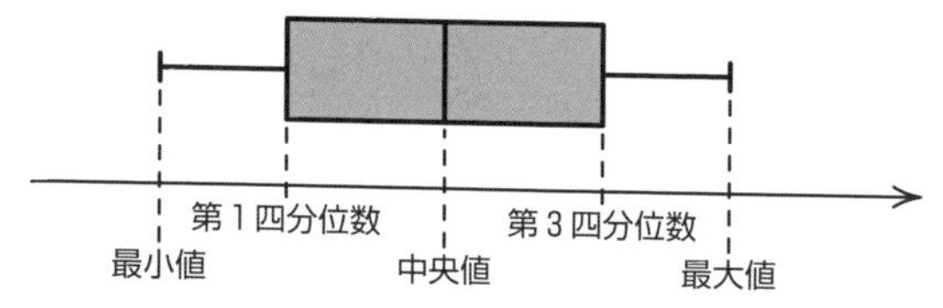

解説

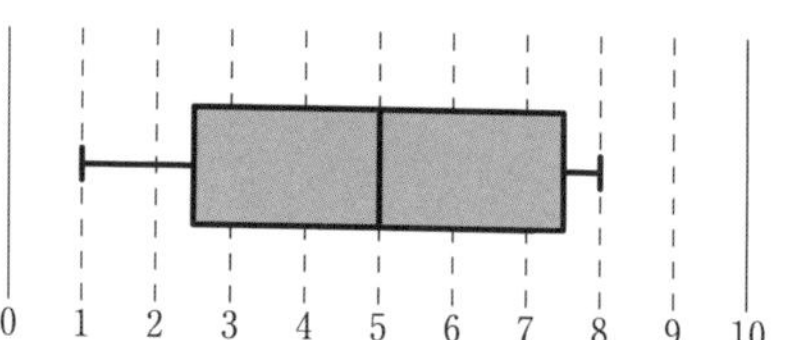

箱ひげ図から，5人の得点の最小値は1点，第1四分位数は2.5点，中央値は5点，第3四分位数は7.5点，最大値は8点である.

5人の得点は小さい順に

1点，x点，y点，z点，8点

たして2で割る　たして2で割る

となるから，

- 中央値は $y=5$ 点，
- 第1四分位数は $\frac{1+x}{2}=2.5$ 点となり，$x=4$，
- 第3四分位数は $\frac{z+8}{2}=7.5$ 点となり，$z=7$，

となる.

よって，5人の得点は小さい順に，1点，[4]点，[5]点，[7]点，8点となる.

四分位数の求め方

$2n-1$個（nは正の整数）のデータについて，それらを小さい順に並べ

- 1番目から$n-1$番目までのデータの中央値が**第1四分位数**
- $n+1$番目から$2n-1$番目までのデータの中央値が**第3四分位数**

となる.

5人の得点の場合は，小さい順に

2人，1人，2人

とわけて考える.

したがって，平均値は

$$\frac{1+4+5+7+8}{5}=\boxed{5}.\boxed{0}\text{点}.$$

分散は

$$\frac{(1-5)^2+(4-5)^2+(5-5)^2+(7-5)^2+(8-5)^2}{5}$$

$$=\boxed{6}.\boxed{0}.$$

この後，遅刻した1人が新たにこのテストを受けたので，合計6人の得点の箱ひげ図は次のようになった．

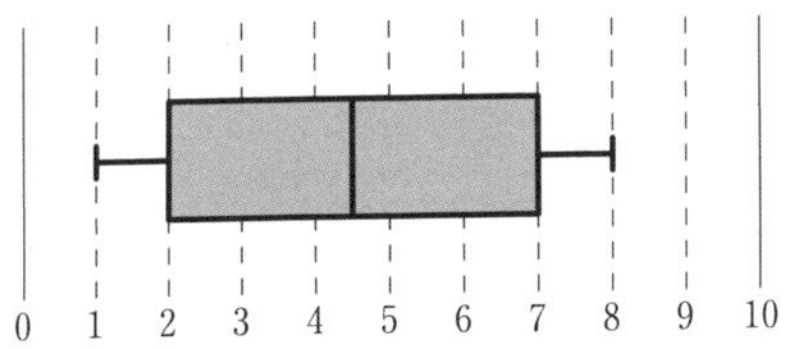

6人の得点を小さい順に

$$a_1,\ a_2,\ a_3,\ a_4,\ a_5,\ a_6$$

とすると，第1四分位数は a_2 である．

新たな箱ひげ図から，$a_2=2$ となるが，元々の5人の得点には2点はなかったので，後からテストを受けた者の得点が $\boxed{2}$ 点である．

分散の求め方
n 個の値 x_k $(1\leqq k\leqq n)$ からなるデータの平均値を $\overline{x}$ とするとき，このデータの分散 s^2 は

$$s^2=\frac{\sum_{k=1}^{n}(x_k-\overline{x})^2}{n}.$$

6人の得点の箱ひげ図から，6人の得点は

- 第1四分位数が2点
- 中央値が4.5点
- 第3四分位数が7点

となり，この3つが5人の得点の場合よりどれも小さくなっている．そこで，後からテストを受けた者の得点は比較的小さいとわかるので，まずは第1四分位数に注目してみた．

31

アア＝①，イ＝③，ウ＝⓪

ポイント

箱ひげ図の見方

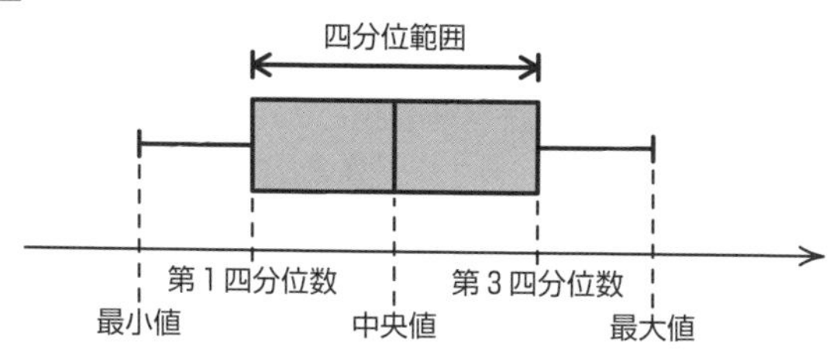

第3四分位数と第1四分位数の差を**四分位範囲**という．これは箱ひげ図の箱の長さを表す（上図参照）．四分位範囲が小さいとデータの散らばり具合が小さく，逆に四分位範囲が大きいとデータの散らばり具合が大きいことになる．

最大値と最小値の差を**範囲**と呼ぶことがあるが，当然これは最大値や最小値に応じて変化する．しかし，四分位範囲は最大値や最小値が大きく変わっても変化しにくいので，データの散らばり具合の目安として扱いやすい．

また，他の値から極端にかけ離れたデータがある場合，その値を**外れ値**と呼び，問題文にあるように

（第1四分位数$-1.5\times$四分位範囲）以下の値
（第3四分位数$+1.5\times$四分位範囲）以上の値

と定めることが多い．実際の統計では，外れ値はその値が生じた理由・背景を調べることが大切である．

解説

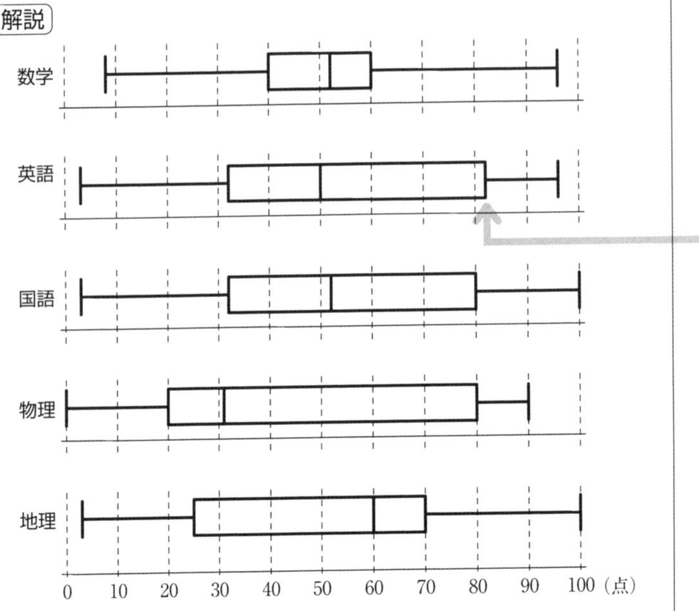

第３四分位数 が最大の科目は英語である．

箱の右端が第３四分位数．

よって，ア には ① が当てはまる．

箱ひげ図の箱の長さが四分位範囲であるから，それが最大な科目は物理である．よって，イ には ③ が当てはまる．

また，外れ値は「箱」からかけ離れた場所にあるデータなので，そういうものがある箱ひげ図を探すと，数学であることが次の図のように分かる．

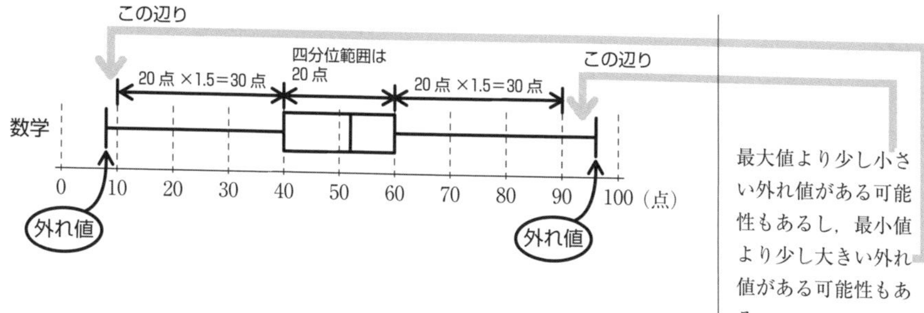

最大値より少し小さい外れ値がある可能性もあるし，最小値より少し大きい外れ値がある可能性もある．

よって，［ウ］には［⓪］が当てはまる．

（注）外れ値を求めた後で，外れ値以外の値から最大値，最小値を求め直し（第1四分位数，中央値，第3四分位数は変わらない），外れ値は「●」で表して箱ひげ図を書くこともある．

例えば本問の数学の箱ひげ図は次のようになる．

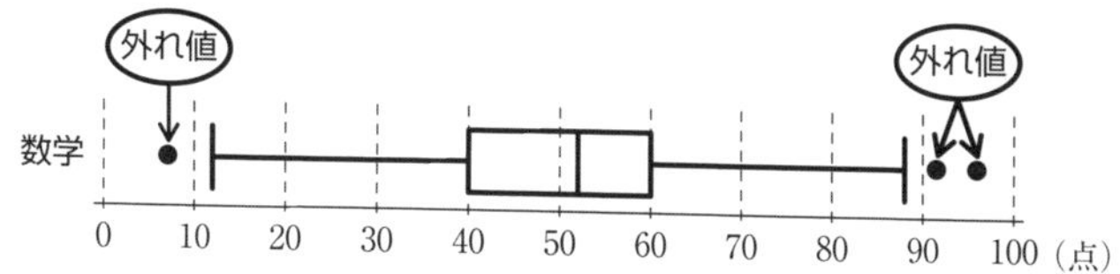

32

ア＝⓪，イ＝①，ウ＝⓪，エ＝④，オ＝⓪.

ポイント

2つの変量の度数分布表を組合せた表を**相関表**といい，座標平面上に図示したものを**散布図**という.

相関表や散布図に関する問題は，特徴的な箇所（**データがたくさんある場所**とか**全然無い場所**）などに注目して考えよう.

解説

(1) テストAの得点とテストBの得点の相関表は次の通りである.

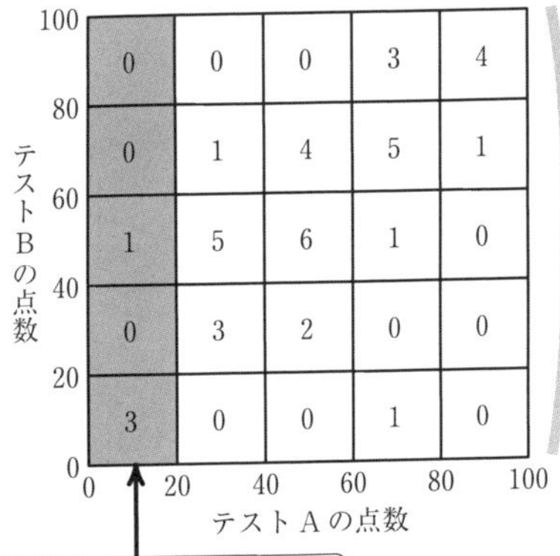

2つの変量の度数分布表を組合せた表を，**相関表**という.

例えば，テストAの得点が0点以上20点未満の生徒の人数は，表の［網掛け］の部分の度数の総和を求めればよく

$$0+0+1+0+3=4\text{ 人}$$

となる.

このようにして，テストAの得点の分布は次のようになる.

テストAの得点	0点以上20点未満	20～40	40～60	60～80	80～100	計
人数	4	9	12	10	5	40

したがって，テストAの得点のヒストグラムは ⓪ である.

実際には，「0点以上20点未満が4人」がわかれば，ヒストグラム⓪～②のうち，適するのは⓪か①であるとわかる.

そのどちらが「20点以上40点未満が9人か」を見れば，⓪が適するとわかる.

つまり，ヒストグラム⓪の斜線部分を見れば，これが適するとわかる.

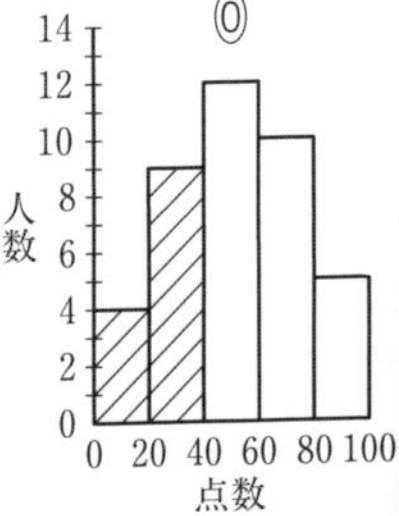

また，テスト B の得点の分布を求めるには，相関表の各行の度数の総和を求めればよい．

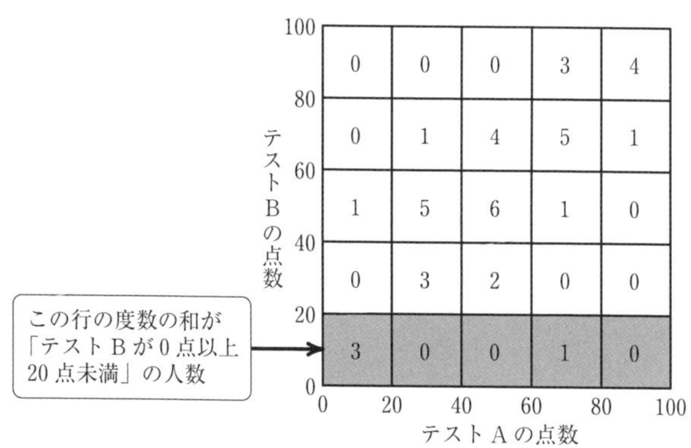

例えば，テスト B の得点が 0 点以上 20 点未満の生徒の人数は，上の表の ▭ の部分の度数の総和を求めればよく

$$3+0+0+1+0=4 \text{ 人}$$

となる．

このようにして，テスト B の得点の分布は次のようになる．

テスト B の得点	0 点以上 20 点未満	20〜40	40〜60	60〜80	80〜100	計
人数	4	5	13	11	7	40

したがって，テスト B の得点のヒストグラムは ① とわかる．

「0 点以上 20 点未満が 4 人」となるのはヒストグラム⓪か①であるが，⓪はテスト A のものなので，適するのは①と判断してもよいだろう．

(2)　テスト A の得点とテスト B の得点の相関表をもう一度見てみる．

特に，▭ の部分に注目してみよう．

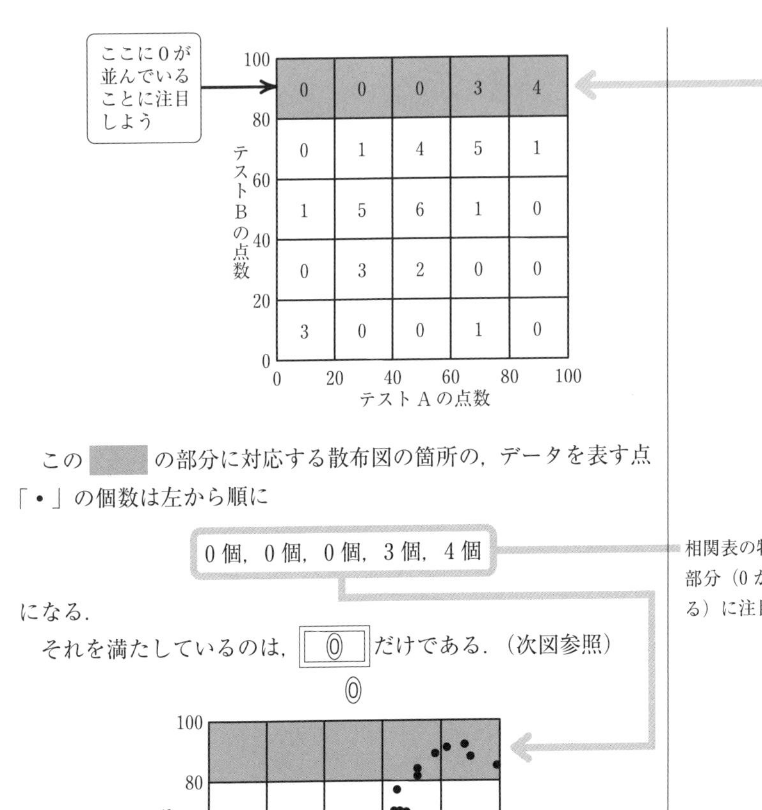

テストB＼テストA	0–20	20–40	40–60	60–80	80–100
80–100	0	0	0	3	4
60–80	0	1	4	5	1
40–60	1	5	6	1	0
20–40	0	3	2	0	0
0–20	3	0	0	1	0

相関表の特徴のある部分（0が並んでいる）に注目する．

この［　　］の部分に対応する散布図の箇所の，データを表す点「•」の個数は左から順に

0個，0個，0個，3個，4個

になる．

それを満たしているのは，⓪ だけである．（次図参照）

⓪

テストBの点数
テストAの得点

(3) テストAの得点とテストBの得点の相関係数に最も近い値を，

⓪ -1.5　① -0.9　② -0.7　③ 0.0

④ 0.7　⑤ 0.9　⑥ 1.5

から選ぼう．

まず，相関係数は -1 から1の値で表されるので「⓪ -1.5」と「⑥ 1.5」はあり得ない．

2つの変量の相関について，その向き（正または負）と強さを表すのが，**相関係数**である．

テスト A の得点が高いほどテスト B の得点が高いので，相関係数は正であるから，「④　0.7」と「⑤　0.9」が正解の候補である．

散布図においてデータを表す点が，傾きが正の直線上に並ぶ度合いが強い場合は，相関係数は 1 に近づくので，散布図の点のばらつき具合から「⑤　0.9」は不適である．

よって，正解は ④ とわかる．

散布図⓪～③の相関係数は順に 0.7，0.0，−0.7，0.9 である．

ちなみに散布図①にはデータの値の組が 80 個もある（多過ぎる！）．

(4)　テスト A の得点が高いほどテスト B の得点が高くなるので，テスト A の得点とテスト B の得点には正の相関がある．

したがって，⓪ が正しい．

33

ア＝4，イ＝3，ウ.エオ＝0.75，カキ＝15，クケ＝64，コサ＝54，シ.スセ＝0.75.

ポイント

本問のような「X の平均値などから $W=2X-5$ の平均値などを求める」と言うテーマは，厳密には数学 B「確率分布と統計的な推測」の範囲だ．しかし，共通テストでは数学 I，数学 I・A で出題される可能性があるので解説しておく．

以下では平均値，分散，共分散，標準偏差のいろいろな公式について解説する．長くなるが，数学 I の教科書には書いていない内容も含んでいるのでよく読んで欲しい．

（注意 1）**平均値と分散の公式**は，ここに書いた程度の証明は理解して欲しい．

（注意 2）**共分散と標準偏差**については，その定義を理解しておけば，公式自体は平均値と分散の公式から容易に証明できる．よって，公式を暗記しなくても大丈夫．（共通テストは問題が多いから最終的には覚えた方が望ましい．）

以下では X，Y などは変量とし，a，b などは定数とする．また，一般に X の平均値を $E(X)$，分散を $V(X)$ と表す．

平均値の公式

$$E(X+b)=E(X)+b,\ E(aX)=aE(X)$$

となる．この 2 つをまとめると，

$$E(aX+b)=aE(X)+b.$$

【意味】 Xを何かのゲームの得点と考えると公式の意味がわかりやすいはずだ．

例えば，ある野球チーム「A」の１試合での得点をXとすると，その平均値$E(X)$は「そのチームが１試合で何点ぐらい取れるか」を表している．

例えば$E(X)=1.5$としよう（少ないなぁ）．

このチームAにハンディキャップとして「1点余計に与える」としよう．つまり，チームAの得点は$X+1$になり，その平均値は$E(X)$より１点増えるはずだ．すなわち，

$$E(X+1)=E(X)+1=1.5+1=2.5$$

となる．これを一般化したのが「$\boldsymbol{E(X+b)=E(X)+b}$」である．

次にチームAにハンディキャップとして，「チームAの選手はホームベースを１回踏んだら2点」（普通は１点です）にしたとする．

チームAの得点は$2X$となり，この平均値$E(2X)$は

$$E(2X)=2E(X)=2\cdot 1.5=3$$

となる．これを一般化したのが「$\boldsymbol{E(aX)=aE(X)}$」である．

以上の２つの公式を用いると，

$$E(aX+b)=E(aX)+b=aE(X)+b$$

となる．

分散の公式

$$V(X+b)=V(X),\quad V(aX)=a^2V(X)$$

となる．この2つをまとめると，

$$V(aX+b)=a^2V(X).$$

【証明】

分散は，データの散らばり具合を表している．つまり，Xの平均値を$\overline{X}=E(X)$と表すとき，

$$V(X)=((X-\overline{X})^2\text{ の平均値})=E((X-\overline{X})^2)$$

と定める．

ここで，$(X-\overline{X})^2$はXが$\overline{X}$からどれぐらいずれているかを表している．２乗しているのは$\overline{X}$から大きい方にずれていると小さい方にずれているのを同じ扱いにするためである．

<u>$V(X+b)=V(X)$の証明</u>

平均値の公式から

$$\overline{X+b}=E(X+b)=E(X)+b=\overline{X}+b$$

となり，

$$\begin{aligned}V(X+b)&=E((X+b-\overline{X+b})^2)\\&=E((X+b-\overline{X}-b)^2)\\&=E((X-\overline{X})^2)\end{aligned}$$

$$=V(X).$$ （証明終り）

$V(X)$ は「X の散らばり具合」を表している．X をすべて b だけずらして $X+b$ にしても「散らばり具合」は変化しない．つまり $\boldsymbol{V(X+b)=V(X)}$ である．

$V(aX)=a^2V(X)$ の証明

平均値の公式から

$$\overline{aX}=E(aX)=aE(X)=a\overline{X}$$

となり，

$$\begin{aligned}V(aX)&=E((aX-\overline{aX})^2)\\&=E((aX-a\overline{X})^2)\\&=E(a^2(X-\overline{X})^2)\\&=a^2E((X-\overline{X})^2)\quad(\text{平均値の公式 } E(a'X')=a'E(X') \text{ を用いた})\\&=a^2V(X).\ (\text{証明終り})\end{aligned}$$

分散はその定義から計算の途中で「2 乗」をすることが，「a^2」が現れる原因である．

$V(aX+b)=a^2V(X)$ の証明

ここまでで示した分散の公式を用いればよい．

$$\begin{aligned}V(aX+b)&=V(aX)\\&=a^2V(X).\ (\text{証明終り})\end{aligned}$$

一般に変量 X の標準偏差は $\sqrt{V(X)}$ と定められ，これも X の散らばり具合を表している．

$\sqrt{\quad}$ を取る理由は，X と単位を合わせるためである．例えば

- X の単位が m（メートル）だとすると，その分散 $V(X)$ の単位は計算の仕方から m^2（平方メートル）になってしまい，X の散らばり具合を表すには不便である．
- 標準偏差 $\sqrt{V(X)}$ の単位は $\sqrt{\mathrm{m}^2}=\mathrm{m}$（メートル）になり，$X$ と同じ単位になるから標準偏差は X の散らばり具合を表すのに適している．

分散の公式を理解しておけば，標準偏差の次の公式は容易に導かれる．

標準偏差の公式

$$\sqrt{V(X+b)}=\sqrt{V(X)},\quad \sqrt{V(aX)}=\sqrt{a^2V(X)}=|a|\sqrt{V(X)}$$

となる．この 2 つをまとめると，

$$\sqrt{V(aX+b)}=|a|\sqrt{V(X)}.$$

X と Y の平均値を $\overline{X}$，$\overline{Y}$ と表すとき，X と Y の**共分散** $s(X,\ Y)$ を

$$s(X,\ Y)=E((X-\overline{X})(Y-\overline{Y}))$$

と定める．つまり，$(X-\overline{X})(Y-\overline{Y})$ の平均値が共分散である．（問題 **29** の［ポイント］参照）

$$(X-\overline{X})(Y-\overline{Y})>0 \Longleftrightarrow \text{「}X\text{ と }\overline{X}\text{ の大小」と「}Y\text{ と }\overline{Y}\text{ の大小」が同じ}$$

となる.

$(X-\overline{X})(Y-\overline{Y})$ の平均値が $s(X,\ Y)$ であるから,

- **$s(X,\ Y)>0$ となるとき,X が大きいほど Y が大きくなりやすい**

とわかる.

したがって,

- **$s(X,\ Y)<0$ となるとき,X が大きいほど Y が小さくなりやすい**

となることもわかる.

共分散については次が成り立つ.

共分散の公式

X と Y の共分散を $s(X,\ Y)$ と表すと,$aX+b$ と $cY+d$ の共分散は,

$$s(aX+b,\ cY+d)=ac\times s(X,\ Y).$$

【証明】

共分散の定義と,平均値の公式を理解しておけば簡単に示せる.

$$\overline{aX+b}=a\overline{X}+b,\ \overline{cY+d}=c\overline{Y}+d$$

より,

$$aX+b-\overline{aX+b}=aX+b-(a\overline{X}+b)=a(X-\overline{X}).$$

同様に

$$cY+d-\overline{cY+d}=c(Y-\overline{Y})$$

となり,

$$\begin{aligned}s(aX+b,\ cY+d)&=E((aX+b-\overline{aX+b})(cY+d-\overline{cY+d}))\\&=E(ac(X-\overline{X})(Y-\overline{Y}))\\&=acE((X-\overline{X})(Y-\overline{Y}))\\&=ac\times s(X,\ Y).\end{aligned}$$

(証明終り)

共分散 $s(X,\ Y)$ は「X が大きくなると Y が大きくなりやすいかどうか(**相関**という)」を判断する基準になる.ただし,その単位は「(X の単位)×(Y の単位)」となるのでデータによって単位が異なってしまい,いろいろなデータの相関を比べるのに都合が悪い.

そこで,X と Y の**相関係数** $r(X,\ Y)$ を

$$r(X,\ Y)=\frac{s(X,\ Y)}{\sqrt{V(X)}\sqrt{V(Y)}}$$

と定める.標準偏差 $\sqrt{V(X)}$,$\sqrt{V(Y)}$ の単位はそれぞれ X,Y の単位と同じなので,$r(X,\ Y)$ は単位をもたない数値となり,いろいろなデータの相関を比べやすくなる.

相関係数の公式

a, c を0でない定数とすると，$aX+b$ と $cY+d$ の相関係数は，

$$r(aX+b,\ cY+d)=\begin{cases} r(X,\ Y) & (ac>0\text{ のとき}) \\ -r(X,\ Y) & (ac<0\text{ のとき}) \end{cases}$$

となる．つまり，X と Y の相関係数と，$aX+b$ と $cY+d$ の相関係数は一致するか，-1 倍のいずれかである．

【証明】

$$\begin{aligned} r(aX+b,\ cY+d) &= \frac{s(aX+b,\ cY+d)}{\sqrt{V(aX+b)}\sqrt{V(cY+d)}} \\ &= \frac{ac\times s(X,\ Y)}{|a|\sqrt{V(X)}\,|c|\sqrt{V(Y)}} \\ &= \frac{ac\times s(X,\ Y)}{|ac|\sqrt{V(X)}\sqrt{V(Y)}} \\ &= \frac{ac}{|ac|}\times r(X,\ Y) \end{aligned}$$

となり，与式が成り立つ．　　　　（証明終り）

解説

(1)　X の標準偏差は，

$$\sqrt{V(X)}=\sqrt{16}=\boxed{4}.$$

　Y の標準偏差は，

$$\sqrt{V(Y)}=\sqrt{9}=\boxed{3}.$$

　X と Y の共分散が

$$s(X,\ Y)=9$$

であるから，相関係数は，

$$\begin{aligned} r(X,\ Y) &= \frac{s(X,\ Y)}{\sqrt{V(X)}\sqrt{V(Y)}} \\ &= \frac{9}{4\cdot 3} \\ &= \frac{3}{4} \\ &= \boxed{0}.\boxed{75}. \end{aligned}$$

X と Y の相関係数は，$\dfrac{(X\text{ と }Y\text{ の共分散})}{(\text{標準偏差の積})}$.

(2)　$W=2X-5$ の平均値は，

$$E(W)=E(2X-5)$$

$$=\boxed{2E(X)-5}$$
$$=2\cdot10-5$$
$$=\boxed{15}.$$

a, b を定数とすると,
$E(aX+b)$
$=aE(X)+b$.

W の分散は,

$$V(W)=V(2X-5)$$
$$=\boxed{2^2V(X)}$$
$$=4\cdot16$$
$$=\boxed{64}.$$

a, b を定数とすると,
$V(aX+b)$
$=a^2V(X)$.

W と Z の共分散は,

$$s(W,\ Z)=s(2X-5,\ 3Y+5)$$
$$=\boxed{2\cdot3s(X,\ Y)}$$
$$=2\cdot3\cdot9$$
$$=\boxed{54}.$$

a, b, c, d を定数とすると,
$s(aX+b,\ cY+d)$
$=ac\times s(X,\ Y)$.

$W=2X-5$ と $Z=3Y+5$ について, X と Y の係数の積が

$$2\cdot3=6>0$$

となるから, W と Z の相関係数は,

$$r(W,\ Z)=r(X,\ Y)=\boxed{0}.\boxed{75}.$$

a, b, c, d を定数とし, $ac>0$ のとき
$r(aX+b,\ cY+d)$
$=r(X,\ Y)$.

〔別解〕

$$r(W,\ Z)=r(X,\ Y)$$

を丁寧に示してもよい. 次のようになる.

$$r(W,\ Z)=r(2X-5,\ 3Y+5)$$
$$=\frac{s(2X-5,\ 3Y+5)}{\sqrt{V(2X-5)}\sqrt{V(3Y+5)}}$$
$$=\boxed{\frac{2\cdot3s(X,\ Y)}{2\sqrt{V(X)}\cdot3\sqrt{V(Y)}}}$$
$$=\frac{s(X,\ Y)}{\sqrt{V(X)}\sqrt{V(Y)}}$$
$$=r(X,\ Y).$$

次の公式を用いている.
$s(aX+b,\ cY+d)$
$=ac\times s(X,\ Y)$,
$V(aX+b)$
$=|a|V(X)$

34

ア＝67，イ＝⓪，ウ＝①

ポイント

事象 E が起きたとき，事象 A が成り立つのではないかと予想する．この A を**仮説**という．仮説 A が正しいかどうかを調べる方法として，**仮説検定**がある．

本問では

E：11 回投げて表が 9 回以上出る

と言うことから

A：この硬貨はいびつである

が成り立つか調べる．

そこで，A に反する

帰無仮説 B：この硬貨は表と裏が確率 $\frac{1}{2}$ ずつで出る

を考え，B が成り立つと仮定したとき E が起こる確率 $P_B(E)$ を求める．ただし，確率（Probability）という意味の記号 P の**右下の B は「B を仮定して確率を求めている」**を意味する．（$P_B(E)$ は数 A「確率」では**条件付き確率**と呼ぶ．問題 **53** の ポイント を参照せよ．）

本問では確率 5 % 未満の事象は「ほとんど起こり得ない」と見なすことにした．

よって，もしも

$$P_B(E) < 5\,\% = 0.05$$

となれば

ほとんど起こり得ないはずの E が起きているので，「E はほとんど起こり得ない」とした前提の B がおかしい

と考え

- B は成り立たない
- よって，B に反する A は成り立つ

と判断するのである．

このような考え方を**仮説検定**という．詳しくは問題 **35** の ポイント を参照せよ．

(解説)

硬貨を 11 回投げるとき，表と裏の出方は全部で

$$2^{11}=2048 \text{ 通り.}$$

$2^{10}=1024$
はよく使うから覚えておこう.
ここから
$2^{11}=2\cdot2^{10}=2048$
と分かる.

B が成り立つときはこれらはすべて同様に確からしい.

このうち，表が出る回数が 9 回以上となるのは

$$ {}_{11}C_9+{}_{11}C_{10}+{}_{11}C_{11}=\frac{11\cdot10}{2}+11+1 $$
$$ =67 \text{ 通り.} $$

よって，B が成り立つと仮定したとき，E が成り立つ確率は

$$P_B(E)=\frac{67}{2048}.$$

よって

$$P_B(E)=0.032\cdots<0.05=5\ \%$$

となるので，B は成り立たないと判断する.

したがって，B に反する A が成り立つと判断する.

以上から，[ウ] には [⓪] が当てはまり，[エ] には [①] が当てはまる.

35

ア=3，イウ=16，エ=②，オ=②

仮説検定の理屈は難しいから後で (ポイント) として詳しく説明する．まずは解答の導き方を書いておく．

(解説)

「帰無仮説 B：エイト君は無作為に瓶を選んでいる」が成り立つとき，5 試合とも勝敗を的中させる確率は

$$\left(\frac{1}{2}\right)^5=\frac{1}{32}.$$

ちょうど4試合勝敗を的中させる確率は

$${}_5C_4\left(\frac{1}{2}\right)^4\cdot\frac{1}{2}=\frac{5}{32}.$$

5試合のうち，どの4試合の勝敗を当てるかが${}_5C_4=5$通り．

よって，この場合Eが成り立つ確率$P_B(E)$は

$$P_B(E)=\frac{1}{32}+\frac{5}{32}=\frac{\boxed{3}}{\boxed{16}}.$$

$\frac{3}{16}=0.1875=18.75\ \%$は5％より大きい．

したがって，帰無仮説Bがおかしいとは言えないので，Bに反するAが成り立つとは判断できない．Aが成り立たないとも判断できない（判断する根拠がない）．よって，［エ］には［②］が当てはまる．

また，$P_B(E)$が5％より大きいことはBが成り立つことの理由にはならないし，Bが成り立たないことの理由にもならない．よって，［オ］には［②］が当てはまる．

ポイント

事象Eが起きたとき，事象Aが成り立つのではないかと予想する．このAを**仮説**という．仮説Aが正しいかどうかを調べる方法として，**仮説検定**がある．

本問では

　E：エイト君の試合の勝敗の予想が5試合中4試合以上的中した

と言うことから

　A：エイト君には予知能力がある

が成り立つか調べる．

仮説検定の手順をまずまとめておく．なぜこのようなことをするかは**後で解説**する．

手順1. 「Aでない」と言う事象$\overline{A}$に含まれる事象B（つまりAに反する事象）のうち，Bが成り立つと仮定したとき，Eが起きる確率$P_B(E)$が計算しやすいものを考える．このBを**帰無仮説**（きむかせつ）という．

（注）「帰無仮説」という名称が意味ありげで気になるかも知れないが，ただの名称なので気にしないで欲しい．

手順2. $P_B(E)$が何％未満になったら「Eはほとんど起こり得ない」と判断できるか予め決めておく．5％未満なら「Eはほとんど起こり得ない」とすることが多い．

手順3. $P_B(E)$を求め，

(i) 手順 2 で定めた数値未満になったら

E はほとんど起こり得ないはずなのに実際は E が起きている．ということは「E はほとんど起こり得ない」と判断した前提である B がおかしい

となるから，B は成り立たないと考え，B に反する A が成り立つと判断する．問題 **34** がこの例．

(ii) 手順 2 で定めた数値以上の場合は**何も判断できない**．本問がこの例．（A が成り立たないとも言えないし，B が成り立つとも言えない．）

なぜこのような手順で考えるかを説明する．

仮説検定の手順を導く 3 step

step1. A が成り立つことを示すには「E ならば A」を示せばよい．しかし，それは困難である（エイト君に予知能力があるか断言できないでしょ？）．

そこで，**背理法**を用いよう．つまり，「$\overline{A}$（A でない)」と仮定して「$\overline{E}$（E でない)」を導こう．こうなったら E と矛盾するから $\overline{A}$ という仮定がおかしい，よって A が成り立つと分かる．

step2. しかし，実際に E が起きているのに「$\overline{E}$ を示す」というのは無理だ．そこで

「$\overline{E}$」＝「E でない」＝「E が起きない」

を示す代わりに

$\overline{A}$ が成り立つと仮定したとき，E が成り立つ確率 $P_{\overline{A}}(E)$ が極めて小さい，すなわち E はほとんど起こり得ない

を示そう．（次図参照）

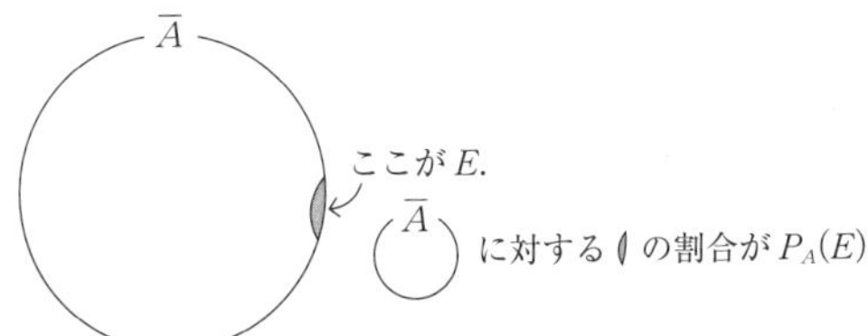

つまり，「E がほとんど起こり得ないはずなのに E が起きているということは，$P_{\overline{A}}(E)$ を求めた前提である $\overline{A}$ がおかしい，だから A が成り立つ」という論法だ．

step3. ところが $P_{\overline{A}}(E)$ はたいてい求めにくい．この確率は本問なら

「$\overline{A}$：エイト君には予知能力が無い」と仮定したときに「E：エイト君が試合の勝敗を 5 試合中 4 試合以上的中させる」が起きる確率

になる．求めようがないでしょ．

そこで$\overline{A}$の代わりに，次の2つの条件をみたす**帰無仮説** B を考えよう．

条件1．B は A と排反である．つまり，B と A が同時に満たされることはない．

「B は $\overline{A}$ に含まれる」と言うことである．

条件2．B が成り立つと仮定したとき，E が成り立つ確率 $P_B(E)$ は計算しやすい．

次の図をイメージしてもらえばよい．扱いにくい $\overline{A}$ の代わりに扱いやすい帰無仮説 B を用いるのである．

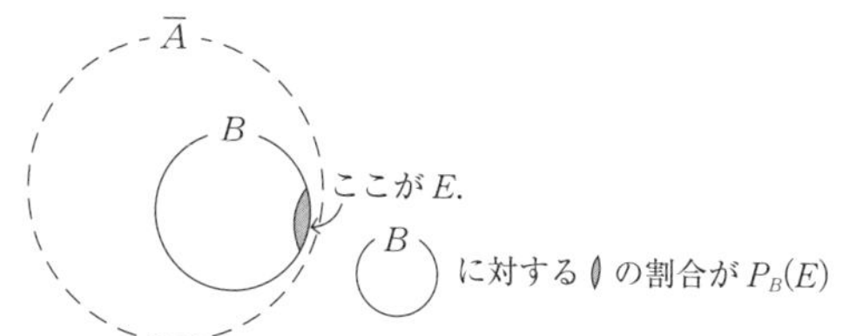

本問では B として

B：エイト君は無作為にどちらの国が勝つかを決めている

を用いた．実際，この B は上記の条件1，2を満たしている．A とは排反であるし，$P_B(E)=\dfrac{3}{16}$ と求められたのも解答で示したとおりである．

そして，本問では $P_B(E)=\dfrac{3}{16}=18.75\,\%$ となり，「極めて小さい確率」＝「5％未満」に当てはまらないから帰無仮説 B がおかしいとは言えず，A が成り立つかどうかについてその判断を保留する．

この場合，帰無仮説 B も成り立つかどうかは判断できない．後の「**帰無仮説に関する注意2**」で説明する．

帰無仮説について注意して欲しいことが2つある．

帰無仮説に関する注意1

一般的には帰無仮説 B の定め方は1通りとは限らない．例えば A と排反な事象は色々ある．

例1．エイト君は横縞がある国旗を選んでいる．

例2．エイト君は無作為ではなく確率60％で右側の瓶を選んでいる．

など，いくらでも有り得る．本問ではエイト君について「5試合中4試合的中」しか知らない（エイト君が選んだ国旗の模様を知らないし，左右どちらの瓶を選んだかも知らない）ので，$P_B(E)$ が求めやすい B を本問のように定めただけである．（そもそも例1，2のような疑いがあるなら仮説検定をせずにもっと詳しく調べるべきである．）

帰無仮説に関する注意 2

先ほど解説した仮説検定において，5％未満の確率である事象を「ほとんど起こり得ない」と判断するとき，$P_B(E)$ が 5％未満であれば「E はほとんど起こり得ない」と判断し，B が成り立たないと考えた．

注意して欲しいが，この場合，「$P_B(E)$ が 5％以上であれば B は成り立つと判断する」としてはいけない．

なぜならば，E が起きたときに B が成り立つと判断できるのは，E が起きたときに B が起きる確率 $P_E(B)$（E と B の位置に注意）が十分大きいときだ（アタリマエ！）．

例えば，次の図を見よ．B が成り立つと仮定したとき E が起きる確率 $P_B(E)$ はかなり大きい（拡大した図）．しかし，E が起きたときに B が成り立つ確率 $P_E(B)$ は極めて小さい．

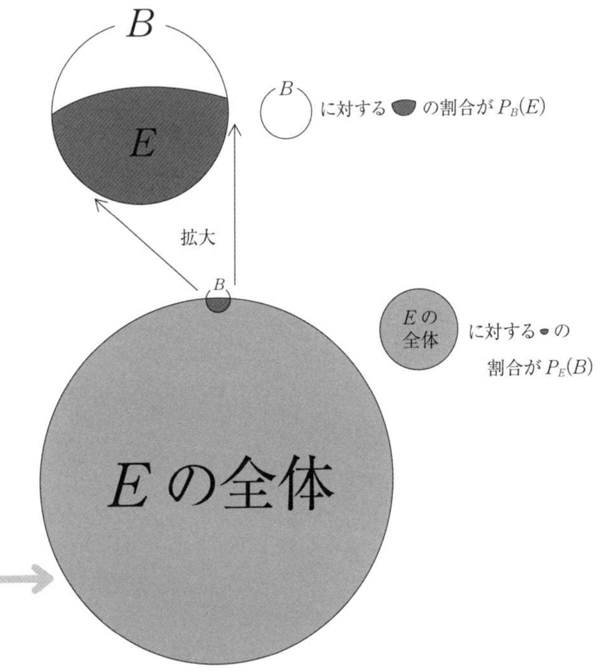

この図のような場合があり得るので，$P_B(E)$ が大きくても帰無仮説 B が成り立たない

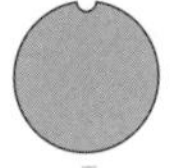

の部分の E が起きているかもしれないからだ．

第5章　場合の数

36

アイウ＝240，エオカ＝480，キクケ＝288.

ポイント

異なるものを1列に並べるという**順列**についての基本的な問題の考え方を確認しよう.

(1) 「a と b が隣り合う」というときは，**a と b をひとまとめ**にして $\boxed{ab}$ または $\boxed{ba}$ として考えればよい.（a と b の順序も区別すること.）

例えば，$\boxed{ab}$，c，d，e，f を1列に並べれば

$$\boxed{ab}\,cdef$$

のように a と b が隣り合う並べ方ができる.

(2) 「a と b の間に他の文字が少なくとも1個はいっている」とは，「a と b が**隣り合わない**」だ.
つまり，(1)の**余事象**だ.

(3) 「a と b の間に他の文字が少なくとも2個はいっている」を直接考えると，a と b の間に

- 他の文字が**ちょうど2個**はいっている
- 他の文字が**ちょうど3個**はいっている
- 他の文字が**ちょうど4個**はいっている

と3つも場合分けがあり大変だ.

そういうときは，**余事象**（『～でない』ということ）を考えてみよう.

「a と b の間に他の文字が少なくとも2個はいっている」の余事象は

- a と b が隣り合う（これは(1)で求めている）
- a と b の間に他の文字が**ちょうど1個**はいっている

という2つの場合分けですむので，簡単だ.

余事象の使い方

場合の数を数えるときに，**場合分けが多いときは余事象**を考えてみる．余事象の方が場合分けが少なければ，余事象を使う.

「テストの前日に余事象を使う問題を勉強したから，なんとなく余事象を使った」（実話）というのではダメなのだよ.

解説

(1) 隣り合う a と b をまとめてしまって一つの文字とみなして全部で5文字の順列を考えると，

$5!=120$ 通り.

次に，a と b の 2 文字の順列を考えると

$2!=2$ 通り.

よって，求める並べ方は，

$120\times2=$ 240 通り.

(2) a，b，c，d，e，f の 6 文字の順列は

$6!=720$ 通り.

このうちから，a と b が隣り合っているようなものの個数を引けば求める個数になるから，求める並べ方は，

$720-240=$ 480 通り.

(3) 「a と b の間に他の文字が少なくとも 2 個はいっている」の余事象は

(i) a と b が隣り合う（これは(1)で求めている）

(ii) a と b の間に他の文字がちょうど 1 個はいっている

の 2 つの場合がある.

(ii)は，a と b の間に入る文字を○と表すと

- ○の定め方が 4 通り
- a○b と「a，b，○」以外の 3 文字を 1 列に並べる方法が $4!$ 通り
- b○a の場合も同様に $4!$ 通り

となるから

$4\times2\times4!=4\times2\times24=192$ 通り.

以上より，求めるのは

$\underbrace{720}_{\text{全事象}}-\underbrace{240}_{\text{これは(1)}}-192=$ 288 通り.

$\{a,\ b\}$ と c，d，e，f を一列に並べる.
a と b の順序は次に考えよう.
また，正の整数 n に対して，n の階乗（かいじょう） $n!$ は
$n!=1\times2\times3\times\cdots\times n$.

37

アイウ＝600，エオカ＝312，キクケ＝216，コサシ＝600，スセソタチツ＝201435.

ポイント

場合の数を数えるときは，**条件のつくところから考える**が基本だ．各設問ではそれぞれ次のことに注意しよう．

(1)「6桁の整数」は，最高位（一番左）の数は0ではない．

(2)「偶数」は，一の位が偶数である．

(3)「5の倍数」は，一の位が0か5である．

(4) 整数が「3の倍数」になる条件は，各位の数の和が3の倍数になることである．

(5)「小さい方から数えて～番目」は，小さい方から規則正しく数えていこう．

解説

最高位の数字は「0でない」ことに注意しよう．

(1) 最高位の数字は「0」を除いた「1」,「2」,「3」,「4」,「5」の5通りが考えられ，最高位でない位の数字には「0」を含めた残りの5個の数字の順列を考えればよいから，求める個数は

$$5\times5!=\boxed{600}\text{ 個.}$$

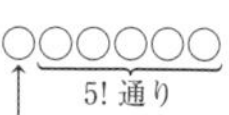

(2) 一の位の数字が「0」,「2」,「4」のいずれかであるものの個数を求めればよい．

(i) 一の位の数字が「0」であるもの：

他の位の数字には「1」～「5」の5個の数字の順列を考えればよいからその個数は $5!=120$.

(ii) 一の位の数字が「2」であるもの：

最高位の数字には「0」と「2」を除いた4通りが考えられ，最高位と一の位を除いた位には，残りの4個の数字の順列を考えればよいから，その個数は $4\times4!=96$.

(iii) 一の位の数字が「4」であるもの：

(ii)の場合と同様に考えて，その個数は $4\times4!=96$.

(i), (ii), (iii)により求める個数は

$$120+96+96=\boxed{312}\text{ 個.}$$

(3) 一の位の数字が「0」または「5」になっているものの個数を求めればよい．

一の位の数字が「0」であるものについては，前記(2)の(i)から120 個.

また，一の位の数字が「5」であるものについては，前記(2)の(ii)で「2」の代りに「5」としたものを考えればよいので，その個数は 96.

よって，求める個数は，120＋96＝ 216 個.

(4) まず，次のことから確認しよう．n を正の整数とするとき，

$$10^n=1\underbrace{000\cdots0}_{0\text{ が }n\text{ 個}}=\underbrace{9999\cdots9}_{9\text{ が }n\text{ 個}}+1$$

より，

$$a\cdot10^n=a\cdot(9\text{ の倍数})+a. \qquad \cdots(*)$$

いま，6 桁の整数を N とし，それを $abcdef$ と書いたとすると，

$$\begin{aligned}N&=a\cdot10^5+b\cdot10^4+c\cdot10^3+d\cdot10^2+e\cdot10+f\\&=9\times m+(a+b+c+d+e+f)\quad(m:\text{整数})\quad(\because\ (*)).\end{aligned}$$

したがって，次のことがいえる.

「整数が 3 の倍数」⟺「各位の数の和が 3 の倍数」.
「整数が 9 の倍数」⟺「各位の数の和が 9 の倍数」.

この性質は入試でよく扱われるから，必ず覚えておこう.

さて，本問では，

$$\begin{aligned}\text{「各位の数の和」}&=0+1+2+3+4+5\\&=15\end{aligned}$$

なので6 桁の整数はすべて 3 の倍数になっていることがわかる.

気がついたかな？

よって，求める個数は，

600 個.

(5) 小さいものから順に並べてみる．最高位の数字が「1」であるようなものの個数は，残り 5 個の数字の順列を考え，5!＝120 個.

よって，小さい方から数えて 121 番目の数の最高位の数字は「2」である．第 121 番目の数は，最高位が「2」となる数の中で最小のものだから，

201345

となる．次の第 122 番目の数は

201354

となり，第 123 番目の数，つまり求める整数は

201435

である.

38

アイウ＝186，エ＝1，オカキ＝210，ク＝2，ケ＝3，コ＝5.

ポイント

異なるものから，重複を許していくつか取り出して並べる順列を**重複順列**（ちょうふくじゅんれつ，じゅうふくじゅんれつ）という.

重複順列

異なる n 個のものから，重複を許して r 個を取り出して並べる重複順列は

$$n^r \text{ 通り.}$$

(3) が重複順列に関する問題だ．つまり，区別のできる 10 個のサイコロを投げると，目の出方は全部で 6^{10} 通りだ.

また，(3) では**包除原理**も利用する.

包除原理

一般に集合 S の要素の個数を $n(S)$ のように表すことにすると

$$n(A \cup B) = n(A) + n(B) - n(A \cap B)$$

（$A \cup B$ は右図の斜線部）

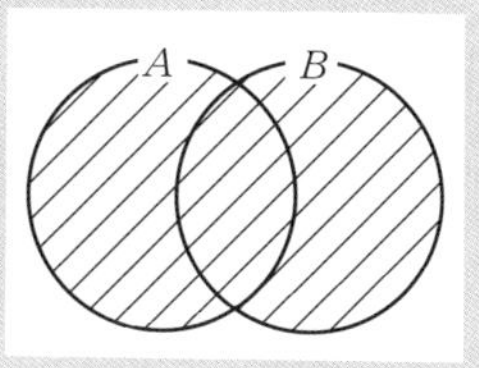

X が 10 で割り切れるのは，「X が 2 で割り切れる」かつ「X が 5 で割り切れる」というときであるから，このような目の出方を包除原理を利用して求めよう.

解説

(1)　$1 \leqq X \leqq 6$ となるとき，サイコロの多くが 1 の目であるから，1 の目の個数で場合分けして調べよう.

(i)　1 の目が 10 個のとき.

$$1 \text{ 通り.}$$

(ii)　1 の目が 9 個のとき.

残りの 1 個は 2〜6 のどの目でもよい.

よって，

$$\underbrace{{}_{10}\mathrm{C}_9}_{\text{どの 9 個が 1 の目か}} \times 5 = 10 \times 5 = 50 \text{ 通り.}$$

(iii) 1の目が8個のとき．

$$どの8個が1の目か\cdots{}_{10}C_8={}_{10}C_2=\frac{10\cdot 9}{2\cdot 1}=45 通り．$$

残りの2個の目について，

$$\begin{cases} 2と2\cdots 1通り, \\ 2と3\cdots 2通り. \end{cases}$$

以上から，

$$45\times(1+2)=135 通り．$$

(iv) 1の目が7個以下のときは，X は少なくとも $2^3=8$ となるから不適．

(i)～(iv) より，

$$1+50+135=\boxed{186} 通り．$$

(2)

$$X=2^{20}=4^{10}$$

となるとき，サイコロは10個とも4の目．

$$\therefore \boxed{1} 通り．$$

$$X=2^{17}$$

となるとき，どのサイコロも2か4か1の目でなければならない．

2の目が l 個，4の目が m 個，1の目が n 個とすると，

$$\begin{cases} l+m+n=10, & \cdots① \\ 2^l\cdot 4^m=2^{l+2m} \\ \qquad =2^{17}. & \cdots② \end{cases}$$

② より，

$$l+2m=17. \qquad \cdots②'$$

① と ②′ より

$$(l,\ m,\ n)=(1,\ 8,\ 1),\ (3,\ 7,\ 0).$$

$2\times①-②'$ より
$$l+2n=3$$
となり，l と n は0から10までの整数なので
$$(l,\ n)=(1,\ 1),\ (3,\ 0)$$
とわかる．l が定まれば，②′ から m が定まる．

よって，$X=2^{17}$ となるのは，

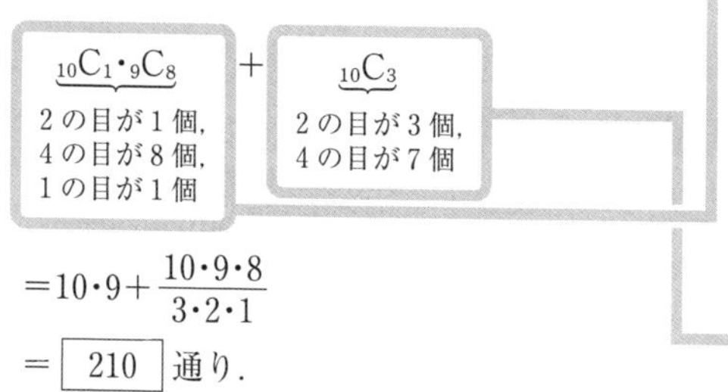

$=10\cdot9+\dfrac{10\cdot9\cdot8}{3\cdot2\cdot1}$

$=\boxed{210}$ 通り.

(3)　集合 A_2，A_5 を

$A_2=\{X$ が2で割り切れるという目の出方$\}$，

$A_5=\{X$ が5で割り切れるという目の出方$\}$

とおくと，

$A_2\cap A_5=\{X$ が10で割り切れるという目の出方$\}$.

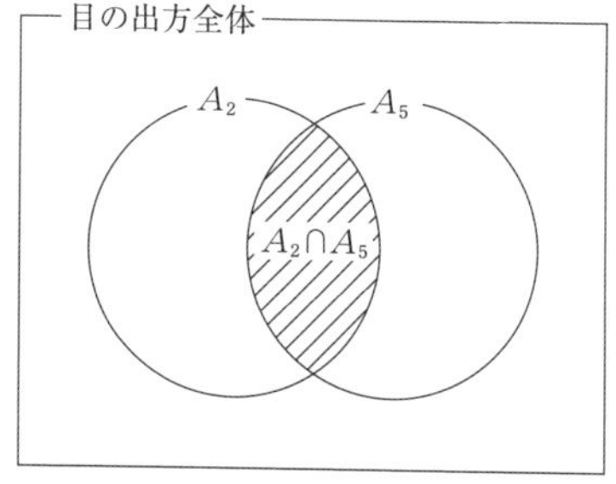

10個のサイコロの目の出方は全部で，6^{10} 通り.

集合 A の要素の個数を $n(A)$ で表すことにすると，

$n(A_2)=6^{10}-3^{10}$.（3^{10}：2，4，6が出ない）

$n(A_5)=6^{10}-5^{10}$.（5^{10}：5が出ない）

$n(A_2\cup A_5)=6^{10}-2^{10}$.（$2^{10}$：2，4，5，6が出ない）

包除原理より，$n(A_2\cup A_5)=n(A_2)+n(A_5)-n(A_2\cap A_5)$ となり

$n(A_2\cap A_5)=n(A_2)+n(A_5)-n(A_2\cup A_5)$

$=(6^{10}-3^{10})+(6^{10}-5^{10})-(6^{10}-2^{10})$

$=6^{10}+\boxed{2}^{10}-\boxed{3}^{10}-\boxed{5}^{10}$.

$(l,\ m,\ n)=(1,\ 8,\ 1)$ となるのは「2の目が1個，4の目が8個，1の目が1個」なので

${}_{10}C_1\cdot{}_9C_8$ 通り.

$(l,\ m,\ n)=(3,\ 7,\ 0)$ となるのは「2の目が3個，4の目が7個」なので

${}_{10}C_3$ 通り.

A_2 は「X が2で割り切れる」であり，「偶数の目が少なくとも1つ出る」になる.

よって余事象は「偶数の目が出ない」すなわち「10個とも奇数の目」となり 3^{10} 通りである.

だから，$n(A_2)$ は目の出方全体 6^{10} 通りから，3^{10} 通りを引いたものになる.

$A_2\cup A_5$ は「X が2または5で割り切れる」であり，「偶数の目か5の目が少なくとも1つ出る」になる.

よって余事象は「2, 4, 5, 6の目が出ない」すなわち「10個とも1か3の目」となり 2^{10} 通りである.

39

アイ＝20，ウエ＝12，オカ＝40，キクケ＝110.

ポイント

(3) では，**組合せ**を用いる.

組合せ

異なる n のものから同時に r 個 $(0\leqq r\leqq n)$ 取り出す**組合せ**の総数を ${}_n\mathrm{C}_r$ 通りと表すと

$$ {}_n\mathrm{C}_r=\frac{\overbrace{n(n-1)(n-2)\cdots(n-r+1)}^{r\text{ 個の数の積}}}{\underbrace{r(r-1)(r-2)\cdots3\cdot2\cdot1}_{r\text{ 個の数の積}}}=\frac{n!}{r!(n-r)!} $$

(3) ではなぜ組合せを使うのかというと，長方形の縦の2辺を**同時に**定め，横の2辺を**同時に**定めるからだ.

解説

(1)　1辺の長さが1の正方形は全部で

$$5\times4=\boxed{20}\text{ 個}$$

ある.

1辺の長さが2の正方形は全部で

$$4\times3=\boxed{12}\text{ 個}$$

ある.

1辺の長さが2の正方形（図の田が例）は次のように数える.

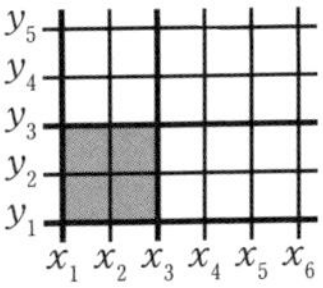

縦2本の選び方が「x_k と x_{k+2} $(k=1, 2, 3, 4)$」の4通り. それぞれに対し，横2本の選び方が「y_k と y_{k+2} $(k=1, 2, 3)$」の3通り.

よって，$4\times3=12$ 個となる.

(2)　1辺の長さが3の正方形は全部で

$$3\times2=6\text{ 個}$$

あり，1辺の長さが4の正方形は全部で

$$2\times1=2\text{ 個}$$

ある.

1辺の長さが5以上の正方形は存在しないので，(1) の結果とあわせると，正方形は全部で

$$20+12+6+2=\boxed{40}\text{ 個}$$

ある.

(3)　縦，横それぞれの組から2本の直線を選ぶとそれに応じて1つの長方形が作られるから，長方形は全部で，

$$ {}_6C_2 \times {}_5C_2 = \frac{6 \cdot 5}{2 \cdot 1} \times \frac{5 \cdot 4}{2 \cdot 1} = 15 \times 10 = 150 \text{ 個} $$

ある．

この中には正方形を 40 個含んでいる（∵　(2)）ので，正方形でない長方形は全部で

$$ 150 - 40 = \boxed{110} \text{ 個} $$

ある．

40

アイウ＝126，エオ＝56，カキ＝21，クケ＝35.

ポイント

1～9 の 9 個の数字を 4 個と 5 個の組に分けるというのは，例えば

{1, 2, 3, 4} と {5, 6, 7, 8, 9}

というものだ．

このとき，数字を並べる順序は区別しないので，組合せ ${}_nC_r$ を用いて考えればよい．

さらに，(2) では数字 1 と数字 2 が「4 個の組」に入るのか，「5 個の組」に入るのかで場合分けをしよう．(3) や (4) でも場合分けが必要になる．

解説

4 個の数字の組を A 組，5 個の数字の組を B 組とする．

(1)　9 個の数字から 4 個の数字を選んで A 組に入れて，残りの 5 個を B 組に入れてやればよいから，求める分け方は全部で

$$ {}_9C_4 = \frac{9 \cdot 8 \cdot 7 \cdot 6}{4 \cdot 3 \cdot 2 \cdot 1} = \boxed{126} \text{ 通り} $$

ある．

(2)　(i)　数字 1 と数字 2 が A 組に入る場合．

1 と 2 が A 組に入るか B 組に入るかで場合分け．

このような分け方は，数字 1 と 2 を除いた 7 個の数字から 2 個の数字を選んでそれらを A 組に入れる分け方に一致す

るので（残りの 5 個の数字が自動的に B 組に入ることになる），そのような分け方は全部で

$$ {}_7C_2=\frac{7\cdot 6}{2\cdot 1}=21 \text{ 通り} $$

ある.

(ii) 数字 1 と数字 2 が B 組に入る場合.

このような分け方は，数字 1 と数字 2 を除いた 7 個の数字から 3 個の数字を選んでそれらを B 組に入れる分け方に一致するので（残りの 4 個の数字は自動的に A 組に入る），そのような分け方は全部で

$$ {}_7C_3=\frac{7\cdot 6\cdot 5}{3\cdot 2\cdot 1}=35 \text{ 通り} $$

ある.

よって，(i)，(ii) から求める分け方の総数は

$$ 21+35=\boxed{56} \text{ 通り}. $$

(3) (i) 数字 1，2，3 がすべて A 組に入る場合.

数字 1，2，3 を除いた 6 個の数字から 1 個選んでそれを A 組に入れる分け方に一致するので，

$$ {}_6C_1=6 \text{ 通り} $$

ある.

(ii) 数字 1，2，3 がすべて B 組に入る場合.

数字 1，2，3 を除いた 6 個の数字から 2 個を選んでそれらを B 組に入れる分け方に一致するので，

$$ {}_6C_2=\frac{6\cdot 5}{2\cdot 1}=15 \text{ 通り} $$

ある.

よって，(i)，(ii) から求める分け方の総数は

$$ 6+15=\boxed{21} \text{ 通り} $$

ある.

(4) (i) 数字 1 と 2 が A 組に入り，数字 3 が B 組に入る場合.

数字 1，2，3 を除く 6 個の数字から 2 個を選んで A 組に入れる分け方に一致するので，

$$ {}_6C_2=15 \text{ 通り} $$

ある.

(ii) 数字1と2がB組に入り，数字3がA組に入る場合.

数字1，2，3を除いた6個の数字から3個を選んでB組に入れる分け方に一致するので，

$$_6C_3=\frac{6\cdot5\cdot4}{3\cdot2\cdot1}=20 \text{ 通り}$$

ある.

以上(i)，(ii)から，求める分け方の総数は

$$15+20=\boxed{35}\text{ 通り.}$$

〔別解〕

(2)，(3)の結果を利用した次の解法も考えられる.

数字3がどの組に入るかに着目すると，

「数字1と2が同じ組に入り，数字3がそれとは別の組に入るような分け方」

は，

「数字1と2が同じ組に入るような分け方」

から，

「数字1，2，3が同じ組に入るような分け方」

を除いたものなので，(2)の結果から(3)の結果を引いて

$$56-21=35 \text{ 通り}$$

となる.

（別解終り）

うまい！これに気づけば速いよ.

41

アイウ=180，エオカ=120，キクケ=360，コサシ=664.

ポイント

n 個のもののうちに，p 個の同じものがあり，それとは異なる種類の q 個の同じものがあり，さらにそれとも異なる種類の r 個の同じものがあり，…となっているとき，この n 個のものを並べる**同じものを含む順列**は

$$\frac{n!}{p!q!r!\cdots} \text{ 通り}$$

である．(ただし，$n=p+q+r+\cdots$)

例えば，1，1，1，2，2，3 という 6 個の数字を並べる順列は

$$\frac{6!}{3!2!1!}=\frac{6\cdot5\cdot4\cdot3\cdot2\cdot1}{3\cdot2\cdot1\times2\cdot1\times1}=60 \text{ 通り}$$

となる．

本問は，「同じものを含む順列」の典型問題だ．

(1) の「2 種類の数字を 3 個ずつ並べる」というときは，「まず 2 種類を**同時に**定める」ということに注意しよう．

解説

(1)　前半は，

$$\underbrace{4}_{\text{「2個」の数字}}\times\underbrace{3}_{\text{「4個」の数字}}\times\underbrace{\frac{6!}{2!4!}}_{\text{同じものを含む順列}}=4\times3\times\frac{6\cdot5}{2}$$

$$=\boxed{180}\text{ 通り}.$$

後半は，

$$\underbrace{{}_4C_2}_{\text{どの2つの数字をとるか}}\times\underbrace{\frac{6!}{3!3!}}_{\text{同じものを含む順列}}=\frac{4\cdot3}{2}\times\frac{6\cdot5\cdot4}{3\cdot2\cdot1}$$

$$=\boxed{120}\text{ 通り}.$$

「$4\times3\times\frac{6!}{3!3!}$」とまちがえた人は「1 を 3 個並べてから 2 を 3 個並べる」と「2 を 3 個並べてから 1 を 3 個並べる」を別のものと考えてしまっている．

しかし，これを区別するのは間違いだ．

(2)

$$\underbrace{{}_4C_3}_{\text{どの3つの数字をとるか}}\times\underbrace{\frac{6!}{2!2!2!}}_{\text{同じものを含む順列}}=4\times\frac{6\cdot5\cdot4\cdot3}{2\cdot2}$$

$$=\boxed{360}\text{ 通り}.$$

(3)　(1) と (2) と「6 個とも同じ数字」の場合を考えればよく，

$$180+120+360+4=\boxed{664}\text{ 通り}.$$

42

アイウ=210，エオ=21，カキク=371，ケコサ=115.

ポイント

格子状の街路での最短経路は，矢印を並べて表される．例えば次のような街路を考えてみよう．

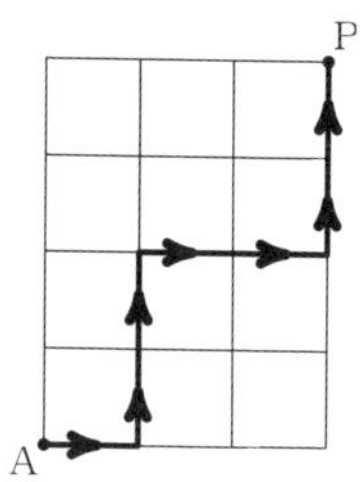

A から P へ行く最短経路（図の太線が例）が何通りあるかを直接書き出すのは面倒だ．しかし，右向きの矢印「→」3個と上向きの矢印「↑」4個を1列に並べて最短経路が表されることに注目すると数えやすい．

例えば，図の太線の最短経路は「→↑↑→→↑↑」と表せる．

こう考えれば，「同じものを含む順列」により，この場合の最短経路は

$$\frac{7!}{3!4!}=\frac{7\cdot6\cdot5\cdot4\cdot3\cdot2\cdot1}{3\cdot2\cdot1\times4\cdot3\cdot2\cdot1}=35 \text{ 通り}$$

とわかる．

また，(1)や(2)では，場合分けをして数え上げるのだが，その場合の方針は2つある．

（方針1）重複しないように数えるのが簡単なら，そうする

（方針2）まずは重複を許して数え，その後で重複部分を調節する

どちらが適しているかはもちろん問題ごとに考えるのだが，この問題は前者がやりやすい．

（後者の場合は**包除原理**を利用する．問題 **7** を参照せよ．）

解説

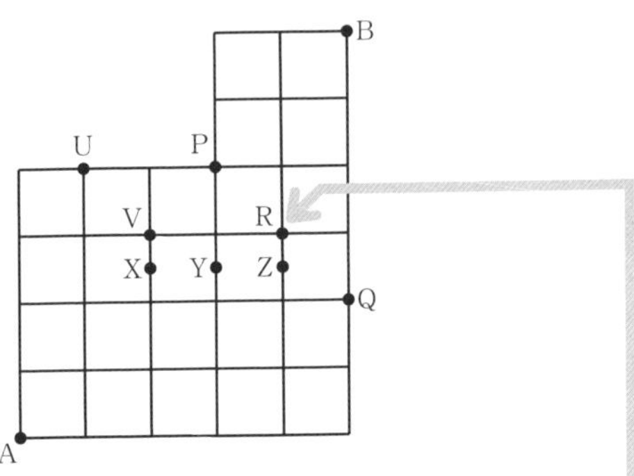

(1) AからPへの最短経路は

→3個，↑4個の同じものを含む順列

で表され，PからBへの最短経路は

→2個，↑2個の同じものを含む順列

で表される．

よって，A⇨P⇨Bという最短経路は

$$\frac{7!}{3!4!}\times\frac{4!}{2!2!}=\frac{7\cdot6\cdot5}{3\cdot2}\times\frac{4\cdot3}{2}$$

$$=\boxed{210}\text{通り．}$$

A⇨Q⇨Bの場合も同様に考えて，

$$\underbrace{\frac{7!}{5!2!}}_{A⇨Q}\times\underbrace{1}_{Q⇨B}=\frac{7\cdot6}{2}$$

$$=\boxed{21}\text{通り．}$$

上の図のように点Rをとると，A⇨R⇨Bという場合は

$$\frac{7!}{4!3!}\times\frac{4!}{1!3!}=\frac{7\cdot6\cdot5}{3\cdot2}\times4=140\text{通り．}$$

AからBへ行くには，P，Q，Rのいずれか1点のみを必ず通るので，全体で

$$210+21+140=\boxed{371}\text{通り．}$$

PまたはQを通る最短経路は，次図の斜線部または太線部を通る．

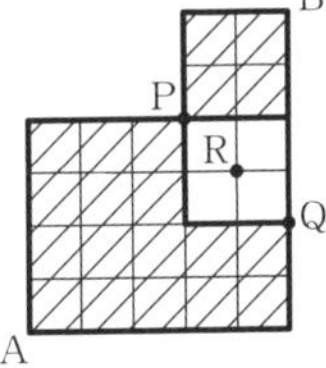

したがって，PとQを通らない最短経路は，必ずRを通る．

つまり，AからBへの最短経路は，

- Pを通るもの
- Qを通るもの
- Rを通るもの

と場合分けされ，これらは重複しない．

(2) X，Y，Z が通行止めの場合は，前頁の図のように点 U，V をとって考えると A ⇨ P ⇨ B は，A ⇨ U ⇨ P が 5 通り，A ⇨ V ⇨ P が 8 通りなので

$$(5+8)\times\underbrace{\frac{4!}{2!2!}}_{P\Rightarrow B}=13\times\frac{4\cdot 3}{2}$$

$$=78 \text{ 通り．}$$

A ⇨ Q ⇨ B は(1)と同じく 21 通り．

A ⇨ R ⇨ B は，

$$\underbrace{4}_{A\Rightarrow V}\times\underbrace{1}_{V\Rightarrow R}\times\underbrace{4}_{R\Rightarrow B}=16 \text{ 通り．}$$

以上から，

$$78+21+16=\boxed{115} \text{ 通り．}$$

X，Y，Z の 3 点が通行止めのとき，A ⇨ P ⇨ B という最短経路は，U と V のどちらか一方のみを通る．

つまり，重複のない場合分けをして，「A ⇨ P ⇨ B」が何通りあるか求めようとしている．

〔別解〕

通行止めの箇所が多いほど，直接数える方が楽になる．

この方法も知っておこう．通行止めが多いと便利だよ．

ただし，通行止めがない場合に使うと，かえって計算が大変になるので注意しよう．

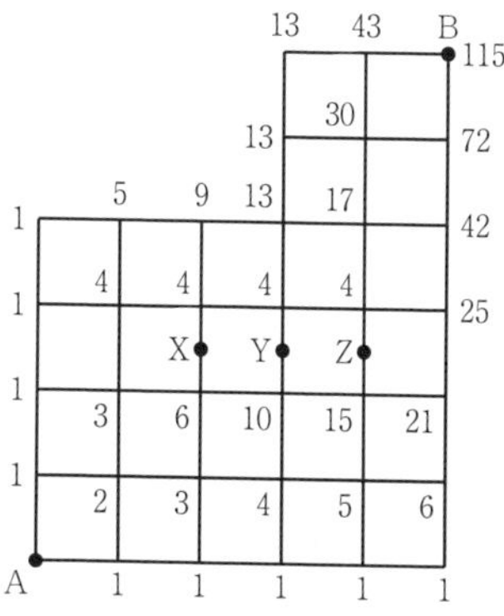

まず，A からの最短経路が 1 通りの点に「1」と書いておいて，

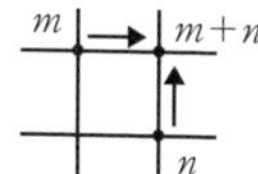

という規則で数字を書いていけば，各点への最短経路の数が得られる．

上図の点 B にある 115 という数字を見れば，B への最短経路は 115 通りとわかる．

（別解終り）

43

アイウ=150, エオカキク=16807.

ポイント

(1)は「場合分けして数えるのか, それとも余事象を利用するのか」と迷うかも知れない. 迷ったら「場合分けの少ない方」を選ぶのがよい（問題**36**参照）のだが…この問題ではどちらでも作業量は大差ないよ. ☺

解説

3種類のはがきを a, b, c で表そう.

(1) どの種類のはがきを何枚使うかで場合分けしよう.

(i) a 3枚, b 1枚, c 1枚の場合.

この5枚をA, B, C, D, Eの5人に振り分けるのは,

$$\frac{5!}{3!1!1!}=5\cdot4=20 \text{ 通り.}$$

「b 3枚, c 1枚, a 1枚」,「c 3枚, a 1枚, b 1枚」の場合も同様で20通りずつある.

(ii) a 2枚, b 2枚, c 1枚の場合.

$$\frac{5!}{2!2!1!}=\frac{5\cdot4\cdot3}{2}=30 \text{ 通り.}$$

「b 2枚, c 2枚, a 1枚」,「c 2枚, a 2枚, b 1枚」の場合も同様で30通りずつある.

(i), (ii)より

$$20\times3+30\times3=\boxed{150} \text{ 通り.}$$

〔別解〕

余事象「はがきを3種類使わない」を利用してもよい.

5人に1枚ずつはがきを出す方法は全部で

$$3^5=243 \text{ 通り.}$$

このうち,

1種類だけ使う…3通り.

ちょうど2種類使う…

$$\underbrace{{}_3\mathrm{C}_2}_{\text{どの2種類を使うか}}\times(2^5-\underbrace{2}_{\text{1種類だけ使うのは不適}})=90 \text{ 通り.}$$

例えば, 5人に1枚ずつはがきを出すときに, a と b だけを用いて, どちらも少なくとも1枚は使うという方法は

$2^5-2=30$ 通り

となる.「a だけ使う」と「b だけ使う」の2通りは不適なので除くことに注意しよう.

よって，3種類とも使うのは，

$$243-(3+90)=150 \text{ 通り}.$$

（別解終り）

(2)　1人へのはがきの出し方は，a を出すかどうか，b を出すかどうか，c を出すかどうかと考えると

$$2^3-\underbrace{1}_{\substack{a\text{も}b\text{も}c\text{も}\\\text{出さない}}}=7 \text{ 通り}.$$

よって，5人に対しては

$$7^5=\boxed{16807} \text{ 通り}.$$

44

アイウ=720，エオカ=144，キクケ=288.

ポイント

「円形に並べる（並ぶ）」というときは，**回転して一致する並べ方は同じとみなす**.（それが数学の習慣だ）

例えば，次の3つの並べ方は回転すると一致するから同じと見なす.

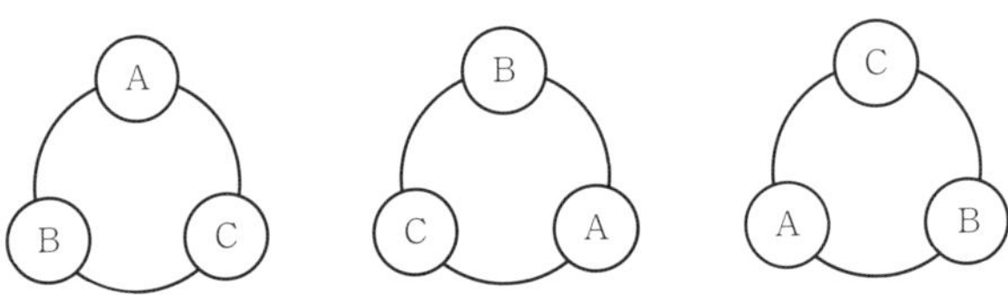

「円形に並べる」は，「1つしかないもの」から見て考えるが重要だ．こう考える方が，円順列の公式を覚えるよりも応用が利くからだ.（問題 **45**(2)を参照せよ.）

例えば，異なる n のもの a_1，a_2，a_3，…，a_n を円形に並べるときは，そのうちの1つのもの a_1 から見て，右から順に他の $n-1$ 個のものを並べていくと次の図のようになる.

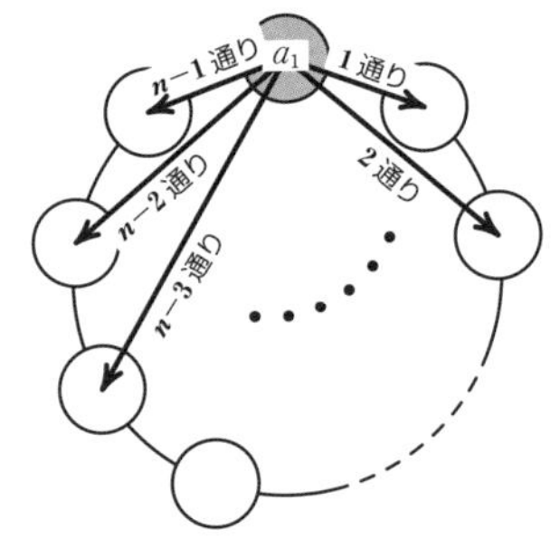

よって，異なる n 個のものを円形に並べる方法が

$$(n-1)(n-2)(n-3)\cdots2\cdot1=(n-1)!\text{ 通り}$$

とわかる．つまり

円順列

異なる n のものを円形に並べる円順列は，$(n-1)!$ 通り.

念を押すが，この公式を覚えるよりも**円形に並べるときは，「1つしかないもの」から見て考えることが重要だ**.

解説

(1)　7人の円順列だから，

$$(7-1)!=6!$$
$$=6\cdot5\cdot4\cdot3\cdot2\cdot1$$
$$=\boxed{720}\text{ 通り}.$$

〔別解〕

誰か1人の立場になって考えるとわかりやすい.

「円形に並べる」はこれが重要.

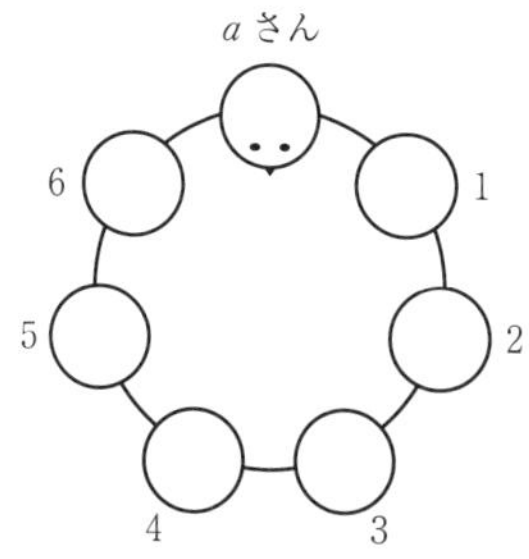

aさんから見て，右へ順に人を並べていくと

右隣り…………6通り，
その右隣り……5通り
さらに右隣り…4通り
⋮

全体で，

$6\cdot5\cdot4\cdot3\cdot2\cdot1=720$ 通り.

（別解終り）

(2)　まず女子3人をひとまとめにし1つのものとみなし，これと男子4人との円順列を考えると，

$$(5-1)!=4!$$
$$=4\cdot3\cdot2\cdot1$$
$$=24\text{ 通り}.$$

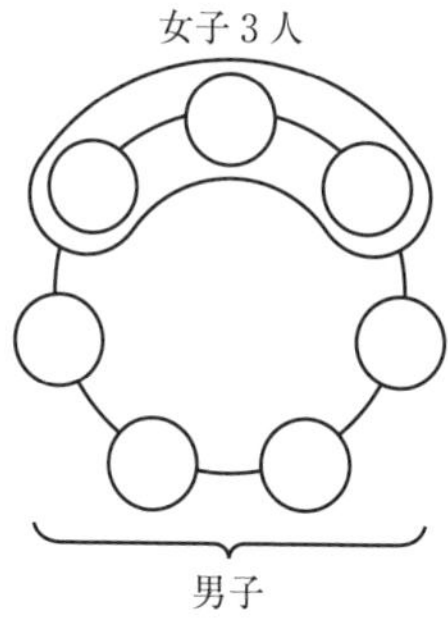

女子3人の並ぶ順列は

$$3!=3\cdot2\cdot1$$

$=6$ 通り.

以上から,

$24\times6=\boxed{144}$ 通り.

(3) 余事象は「『両隣りが男子』の男子がいる」.

「どの男子も隣に少なくとも1人女子がいる」は, 余事象の方が簡単だ.

これは(2)の場合と,

(i)

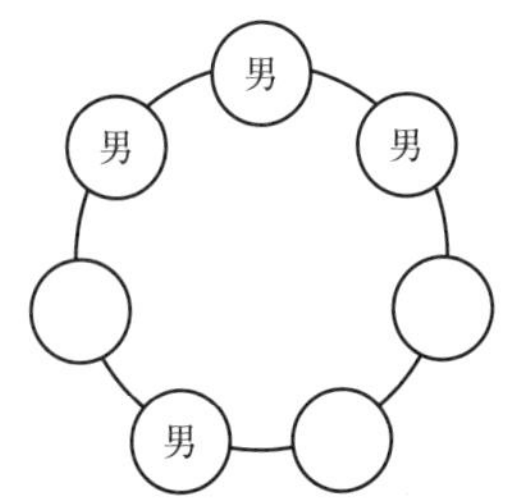

(ii)

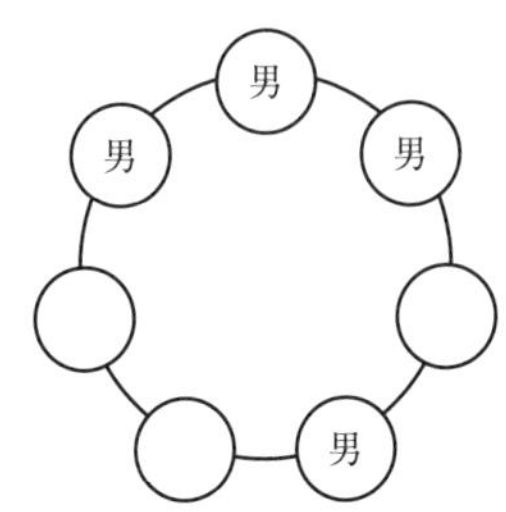

の場合がある. (○は女子)

よって,

$$144+\underbrace{2\times\underset{\text{男子}}{4!}\times\underset{\text{女子}}{3!}}_{\text{(i)と(ii)}}$$

$=432$ 通り.

$\therefore\ \ 720-432=\boxed{288}$ 通り.

45

アイウエ＝1260，オカキ＝126，ク＝6，ケコ＝66.

ポイント

(2)のような「円形に並べる」というときは，「回転して一致する並べ方は同じとみなす」という点が面倒だ.

「1つしかないもの」から見て考える という方針でいけば，この面倒な部分を避けられるから，簡単だ.

(3)のような「ネックレス」は，**回転や裏返しで一致するものは同じネックレス**とみなすというのが，数学の習慣だ.

「ネックレス」の個数の求め方

step1. まずは円形に並べる方法が何通りあるか求める.

step2. そのうち，「**左右対称なもの**（裏返しても元のまま）」は，**それで一つのネックレス**になる.

step3. 「左右対称で**ない**もの」は，**同じネックレスになるものが2つずつ**あるので，ネックレスが

（*step1* で求めたもののうち左右対称でないものの個数）÷2（個）

できる.

step4. *step2* と *step3* で求めた個数の合計が答.

以上のことはわかりにくいと思うから，次の例題で確認してもらおう.

例　題

赤球4個，青球2個，白球1個がある．ただし，同色の球は区別しないものとする.

(1)　全部の球を円形に並べる方法は何通りあるか.

(2)　全部の球をつないでネックレスを作ると何通りできるか.

【解答】

(1)　白球が一つしかないから白球から見て考えると，「赤球4個と青球2個を一列に並べる」となるので，「同じものを含む順列」により

$$\frac{6!}{4!2!}=\frac{6\cdot5\cdot4\cdot3\cdot2\cdot1}{4\cdot3\cdot2\cdot1\times2\cdot1}=\mathbf{15}\text{ **通り**}$$

(2)　**ネックレスの順列**を考えるために，(1)の円形に並べたもの（15通り）を本当に書いてみた．次の図で，青球の部分（2個）を ▨ で表し，斜線を付けないものは赤球とする.

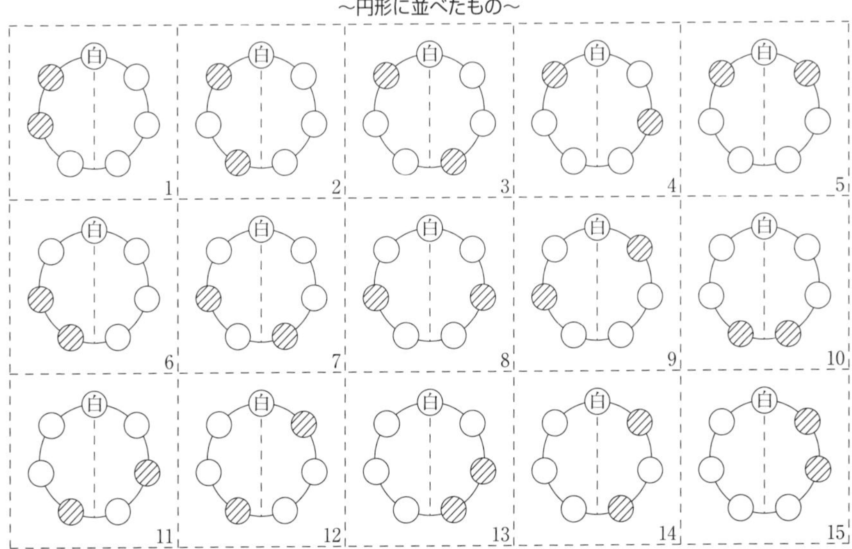

この図を元に，前ページの *step2*~*step4* に相当するものを考えてみる.

step2. 上図の中で左右対称なものの番号（右下の数）は，5，8，10．つまり，左右対称なネックレスは 3 個.

step3. 左右対称でないもので，同じ「ネックレス」を表すのは，

1 と 15，2 と 14，3 と 12，4 と 9，6 と 13，7 と 11.

つまり，左右対称でないネックレスは（$(15-3)\div2=$）6 個.

step4. ネックレスは，*step2* と *step3* から，全部で $3+6=9$ 個.

解説

場合の数，確率では問題文に明記されていない条件がしばしばある．常識で判断せよということであろう.

この問では，「同じ色の石は区別しない」と考えるべきである.

(1) すでに何度も扱った「同じものを含む順列」だ.

$$\frac{10!}{5!4!1!}=\frac{10\cdot9\cdot8\cdot7\cdot6}{4\cdot3\cdot2}$$

$$=\boxed{1260}\text{ 通り.}$$

(2) これは「円順列の公式でおしまい」という訳にはいかない.

円順列の公式は相異なるものを円周上に並べる場合の公式であるのに対して，この場合は同じものが含まれているからだ.

同じものが含まれている場合の円順列は，ただ**1**つしかないものから見て考えよう．

この問では真珠が1個しかないから，真珠から見て考えよう．

「円形に並べる」はこれが重要．

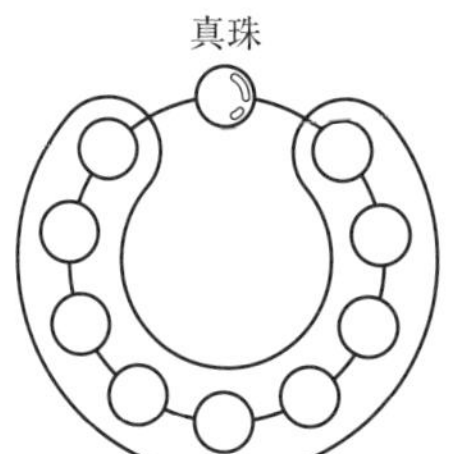

白石5個と黒石4個が並ぶ

すると，白石5個と黒石4個が1列に並ぶのと同じである．

したがって，同じものを含む順列より，

$$\frac{9!}{5!4!}=\frac{9\cdot8\cdot7\cdot6}{4\cdot3\cdot2}$$

$$=\boxed{126}\text{通り．}$$

このうち裏返しても変わらないような並べ方は，真珠の向かい側が白石であり，次の図のように，左右対称に白石と黒石を4個ずつ並べたものである．

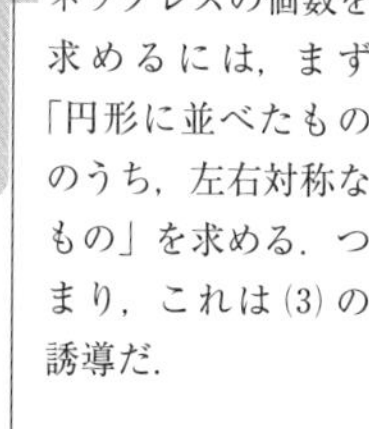
ネックレスの個数を求めるには，まず「円形に並べたもののうち，左右対称なもの」を求める．つまり，これは(3)の誘導だ．

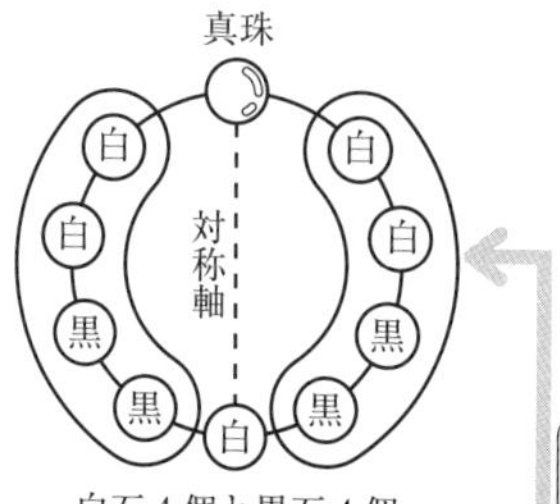

白石4個と黒石4個を左右対称におく

右半分を定めれば，それと左右対称に反対側も定まる．

よって，白石2個，黒石2個の同じものを含む順列と考えればよく

$$\frac{4!}{2!2!}=\frac{4\cdot3}{2}$$

$$=\boxed{6}\text{通り．}$$

(3) (2)の 126 通りのうち，(2)の最後の 6 通り以外の 120 通りのものは，裏返しによって一致するものが 2 通りずつある．

例えば次の 2 つは円順列としては異なるが，裏返すと一致するからネックレスとしては同じものである．

例）この 2 つはネックレスとしては同じもの．

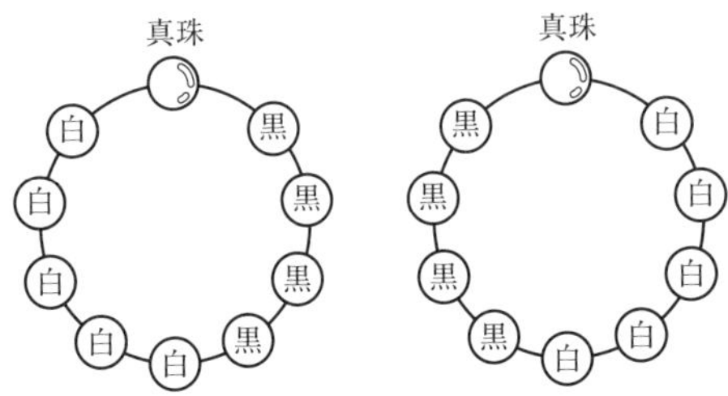

以上より，ネックレスは全部で，

$$6+\frac{120}{2}=\boxed{66}\text{通り}.$$

46

アー6，イウ＝10，エオ＝20，カキク＝100．

ポイント

本問の(2)，(3)は「**重複組合せ**（ちょうふくくみあわせ，じゅうふくくみあわせ）」がテーマである．これを理解できると計算の手間を大きく減らすことができる．共通テストは問題に比べて試験時間が短いから，是非理解しておこう．

重複組合せ

n 種類のものから重複を許して r 個取る組合せを**重複組合せ**といい，その総数を ${}_n\mathrm{H}_r$ 通りと表す．

「重複組合せ」の意味は次のようになる．

- 「重複を許して」なので，同じものを何個取ってよい．
- 「組合せ」なので，取り出す順序は区別しない．同時に取る，と思えばよい．
- 「なぜ H なの？」は…後で！

例えば「1，2，3，4」という数字から 2 個取る重複組合せは次のようになる．{小，大} の順序で（ただし小＝大でもよい！）規則正しく書き出すとわかりやすいはずだ．

$$\{1,\ 1\},\ \{1,\ 2\},\ \{1,\ 3\},\ \{1,\ 4\},\ \{2,\ 2\},\ \{2,\ 3\},\ \{2,\ 4\},\ \{3,\ 3\},\ \{3,\ 4\},\ \{4,\ 4\} \quad \cdots①$$

この10通りである．これは「4種類の数字から2個取る重複組合せ」であるから，

$$_4\mathrm{H}_2=10$$

とわかる．

①は本問(2)の「$a \geqq b$ となる a，b の組」を $\{b,\ a\}$ の順で書いたことになるので，(2)の答は 10 通りとわかる．もう解けた！…ただし，こんなふうに書き出していると**時間がかかるので勧めない**．(^^;;

少し難しくして，「1, 2, 3, 4」という数字から3個取る重複組合せを考えてみよう．まず具体的に書き出してみよう．{小，中，大} の順序で書き出そう．もちろん小＝中とか中＝大となってもよい．次のようになる．

$$\{1,\ 1,\ 1\},\ \{1,\ 1,\ 2\},\ \{1,\ 1,\ 3\},\ \{1,\ 1,\ 4\},\ \{1,\ 2,\ 2\},\ \{1,\ 2,\ 3\},\ \{1,\ 2,\ 4\},$$
$$\{1,\ 3,\ 3\},\ \{1,\ 3,\ 4\},\ \{1,\ 4,\ 4\},\ \{2,\ 2,\ 2\},\ \{2,\ 2,\ 3\},\ \{2,\ 2,\ 4\},\ \{2,\ 3,\ 3\},$$
$$\{2,\ 3,\ 4\},\ \{2,\ 4,\ 4\},\ \{3,\ 3,\ 3\},\ \{3,\ 3,\ 4\},\ \{3,\ 4,\ 4\},\ \{4,\ 4,\ 4\}.$$

全部で20通りであるから，

$$_4\mathrm{H}_3=20$$

とわかる．しかし，これを書くのは大変だ．工夫しよう．

次のように考えればよい．

○を3個（『3個取る』の3），|を3本（4種類のものを区別するために $4-1=3$ 本）を1列に並べ，

$$\underbrace{\bigcirc}_{1}\ |\ \underbrace{\bigcirc}_{2}\ |\ \underbrace{\bigcirc}_{3}\ |\ \underbrace{\quad}_{4} \quad \cdots\cdots \text{これが } \{1,\ 2,\ 3\}$$
$$\underbrace{\bigcirc\bigcirc\bigcirc}_{1}\ |\ \underbrace{\quad}_{2}\ |\ \underbrace{\quad}_{3}\ |\ \underbrace{\quad}_{4} \quad \cdots\cdots \text{これが } \{1,\ 1,\ 1\}$$
$$\underbrace{\quad}_{1}\ |\ \underbrace{\bigcirc\bigcirc}_{2}\ |\ \underbrace{\bigcirc}_{3}\ |\ \underbrace{\quad}_{4} \quad \cdots\cdots \text{これが } \{2,\ 2,\ 3\}$$

のように解釈する．

よって，

$$_4\mathrm{H}_2=\frac{6!}{3!3!}=\frac{6\cdot5\cdot4}{3\cdot2}=20.$$

同じように考えると，次の公式を得る．

重複組合せ

n 種類のもの a_1, a_2, …, a_n から r 個取る重複組合せは，○を r 個（『r 個取る』の r），|を $n-1$ 本（n 種類のものを区別するには $n-1$ 本）を1列に並べ

$$\underbrace{\bigcirc\cdots\bigcirc}_{a_1\text{の個数}}\ |\ \underbrace{\bigcirc\cdots\bigcirc}_{a_2\text{の個数}}\ |\ \underset{\cdots}{\cdots}\ |\ \underbrace{\bigcirc\cdots\bigcirc}_{a_n\text{の個数}}$$

のように解釈して数えることができる．

したがって，n 種類のものから重複を許して r 個取る重複組合せの総数を ${}_n\mathrm{H}_r$ 通りとすると，

$${}_n\mathrm{H}_r=\underbrace{\frac{(n-1+r)!}{(n-1)!r!}}_{\text{同じものを含む順列}}$$

ここで，組合せの公式

$${}_n\mathrm{C}_r=\frac{n!}{r!(n-r)!}$$

を用いると（問題 **39** の ポイント 参照）

$$\frac{(n-1+r)!}{(n-1)!r!}={}_{n+r-1}\mathrm{C}_r$$

と表される．まとめると次のようになる．

重複組合せの速い計算法

n 種類のものから r 個取る重複組合せの総数を ${}_n\mathrm{H}_r$ 通りとすると，

$${}_n\mathrm{H}_r={}_{n+r-1}\mathrm{C}_r$$

となる．つまり

$${}_{\{\text{種類}\}}\mathrm{H}_{\{\text{取る個数}\}}={}_{\{\text{種類}+\text{取る個数}-1\}}\mathrm{C}_{\{\text{取る個数}\}}$$

これを使うと「$\underbrace{1,\ 2,\ 3,\ 4}_{4\text{種類}}$」から2個取る重複組合せは

$${}_4\mathrm{H}_2={}_{4+2-1}\mathrm{C}_2={}_5\mathrm{C}_2=\frac{5\cdot4}{2}=10\ (\text{通り}).$$

「$\underbrace{1,\ 2,\ 3,\ 4}_{4\text{種類}}$」から3個取る重複組合せは

$${}_4\mathrm{H}_3={}_{4+3-1}\mathrm{C}_3={}_6\mathrm{C}_3=\frac{6\cdot5\cdot4}{3\cdot2}=20\ (\text{通り}).$$

素早く計算できることがわかるだろう．

以上をまとめると，n 種類のものから r 個取る重複組合せの総数 ${}_n\mathrm{H}_r$ を求めるときは次のようにしよう．

- まずは「○を r 個，|を $n-1$ 本を1列に並べる方法」を使えるようにする．

• それに慣れてきたら，${}_n\mathrm{H}_r={}_{n+r-1}\mathrm{C}_r$ を使えるようにする．これが一番速い．

（参考）　重複組合せの総数を ${}_n\mathrm{H}_r$ で表すが，この H は「homogeneous polynomial」（同次式）に由来する．

例えば次の恒等式の右辺は，どの項も文字全体で 2 次になっている．

$$(x+y+z+w)^2=x^2+y^2+z^2+w^2+2xy+2xz+2xw+2yz+2yw+2zw \quad \cdots③$$

このようにどの項の次数も等しい式を「同次式」という．

③ の右辺には 10 通りの項がある．③ の左辺は

$$(x+y+z+w)(x+y+z+w)$$

であるから，これを展開すると「x，y，z，w」から重複を許して 2 個選んで（**重複組合せだ！**）掛け合わせて項ができる．

したがって，$(x+y+z+w)^2$ を展開すると

$${}_4\mathrm{H}_2={}_5\mathrm{C}_2=10 \text{（通り）}$$

の項ができるのである．

このように，同次式（homogeneous polynomial）の項の数を求めるときに重複組合せが現れるので，H を用いて重複組合せを表すのである．

解説

(1)　$a>b$ となる $(a,\ b)$ は，「1，2，3，4」から同時に異なる 2 個を取り，大小の順に並べて得られる．

例えば，「1，2，3，4」から 1 と 2 を取り出したら，$(a,\ b)=(2,\ 1)$ とすればよい．

よって，全部で

$${}_4\mathrm{C}_2=\frac{4\cdot 3}{2}=\boxed{6} \text{（通り）．}$$

(2)　$a \geqq b$ となるのは，(1) の 6 通り以外に $a=b$ となるものが 4 通りあるので，全部で

$$6+4=\boxed{10} \text{（通り）．}$$

〔別解 1〕

「1，2，3，4」から重複を許して 2 個取り（重複組合せ），大きい順に a，b とすればよい．

この重複組合せは，○を 2 個（2 個取るので 2 個），| を 3 本（4 種類の数字を区別するので 4−1=3 本）を 1 列に並べ

$$\underbrace{\bigcirc}_{1}\ |\ \underbrace{\bigcirc}_{2}\ |\ \underbrace{\quad}_{3}\ |\ \underbrace{\quad}_{4} \quad \cdots\cdots \text{これが} \{1,\ 2\}$$

$$\underbrace{\quad}_{1}\ |\ \underbrace{\quad}_{2}\ |\ \underbrace{\bigcirc\bigcirc}_{3}\ |\ \underbrace{\quad}_{4} \quad \cdots\cdots \text{これが} \{3,\ 3\}$$

のように解釈すればよい．

この総数 ${}_4H_2$ は「同じものを含む順列」により，

$${}_4H_2=\frac{5!}{2!3!}=\frac{5\cdot4}{2}=10\text{（通り）}.$$

（別解 1 終り）

〔別解 2 ／オススメ！〕

「1，2，3，4」から重複を許して 2 個取り（重複組合せ），大きい順に a，b とすればよい．

この重複組合せの総数は

$${}_4H_2={}_{4+2-1}C_2={}_5C_2=\frac{5\cdot4}{2}=10\text{（通り）}.$$

n 種類のものから重複を許して r 個取る重複組合せの総数 ${}_nH_r$ は，

$${}_nH_r={}_{n+r-1}C_r.$$

（別解 2 終り）

(3)「1，2，3，4」から重複を許して 3 個取り（重複組合せ），大きい順に a，b，c とすればよい．

この重複組合せは，○を 3 個（2 個取るので 3 個），|を 3 本（4 種類の数字を区別するので 4−1=3 本）を 1 列に並べ

$\underbrace{\quad}_{1}\,|\,\underbrace{○}_{2}\,|\,\underbrace{○}_{3}\,|\,\underbrace{○}_{4}$ $\cdots(a,\ b,\ c)=(4,\ 3,\ 2)$

$\underbrace{\quad}_{1}\,|\,\underbrace{\quad}_{2}\,|\,\underbrace{○○}_{3}\,|\,\underbrace{○}_{4}$ $\cdots(a,\ b,\ c)=(4,\ 3,\ 3)$

のように解釈すればよい．

この総数 ${}_4H_3$ は「同じものを含む順列」により，

$${}_4H_3=\frac{6!}{3!3!}=\frac{6\cdot5\cdot4}{3\cdot2}=\boxed{20}\text{（通り）}.$$

〔別解／オススメ！〕

「1，2，3，4」から重複を許して 3 個取り（重複組合せ），大きい順に a，b，c とすればよい．

この総数 ${}_4H_3$ は

$${}_4H_3={}_{4+3-1}C_3={}_6C_3=\frac{6\cdot5\cdot4}{3\cdot2}=20\text{（通り）}.$$

$${}_nH_r={}_{n+r-1}C_r.$$

（別解終り）

(4)

考え方

a と b，c で取り得る範囲が違うから場合分けが必要になる．

場合分けをするときは次の 2 つの方針がある．

（方針 1） 重複がない場合分けをする．

（方針2）　重複がある場合分けをして，重複部分は包除原理により調整する．（問題**7**，**38**(3)参照）

どちらがやりやすいのか問題ごとに考えるべきだが，本問では方針1がやりやすい．b と c が 1〜4 にあるのか，5〜8 にあるのかで場合分けしよう．

(i)　$a \leqq b \leqq c \leqq 4$ のとき．

「1，2，3，4」から重複を許して3個取り，小さい順に a，b，c とすればよく，(3)と同様に20通り．

(ii)　$a \leqq b \leqq 4 < c$ のとき．

「1，2，3，4」から重複を許して2個取り，小さい順に a，b とし（(2)と同じく10通り），c は5〜8の4通り．

よって，

$$10 \times 4 = 40 \text{（通り）}.$$

(iii)　$a \leqq 4 < b \leqq c$ のとき．

「5，6，7，8」から重複を許して2個取り，小さい順に b，c とし（(2)と同じく10通り），a は1〜4の4通り．

よって，

$$10 \times 4 = 40 \text{（通り）}.$$

以上より，

$$20 + 40 + 40 = \boxed{100} \text{（通り）}.$$

第6章　確率

47

アイ＝98，ウエオ＝125，カキ＝62，クケコ＝125，サシ＝44，スセソ＝125.

ポイント

この問題で確率の基本を確認しよう.

(1)は「余事象の使い方」，(2)は「場合分け」，(3)は「表の利用」がテーマだ.

(1)　$a\times b\times c$ が偶数になる確率を求めるのであるが，直接求めるには，a，b，c が

(i)　3つとも偶数

(ii)　2つが偶数で1つが奇数

(iii)　1つが偶数で2つが奇数

という場合分けをすることになる.

このように場合分けが面倒なときは**余事象**を考えてみよう.

余事象は「$a\times b\times c$ が奇数」であるから，「a，b，c が3つとも**奇数**」となり，簡単に求められる.

余事象を使うべきかどうかの判断基準は，**余事象の方が場合分けが簡単かどうか**だ.（問題**36**の**ポイント**も参照せよ.）

(2)　この問題も場合分けが面倒だが，余事象を考えても場合分けが楽にならない（☹）から，覚悟を決めて場合分けする.

(3)　この問題は，「$ab+bc+ca$」という式が複雑なので，a，b，c の偶奇（$2^3=8$ 通り）を調べる必要がある．8通り全部を書くのは大変なので，要領よく調べられるように表を作ろう.

解説

箱の中から1枚のカードを取り出したとき，それが，

「奇数」のカードであるのは1，3，5の3通り.

「偶数」のカードであるのは2，4の2通り.

3回のカードの取り出し方は全部で，

$$5^3=125 \text{ 通り.}$$

(1)　$a\times b\times c$ が奇数となるのは a, b, c がすべて奇数の場合に限る.

これが「$a\times b\times c$ が偶数」の余事象．この方が簡単だ.

よって，$a\times b\times c$ が奇数となる確率は $\dfrac{3^3}{125}=\dfrac{27}{125}$.

$a\times b\times c$ が偶数となる確率は，これの余事象の確率であるから，

$$1-\frac{27}{125}=\frac{\boxed{98}}{\boxed{125}}.$$

(2)　$a+b+c$ が偶数となるのは，a，b，c がすべて偶数の場合か，もしくは，1つだけ偶数で他の2つが奇数の場合である．

a，b，c がすべて偶数である確率は

$$\frac{2^3}{125}=\frac{8}{125}.$$

a，b，c のうち1つだけ偶数で他の2つが奇数である確率は，

$$\frac{{}_3C_1\cdot 2\cdot 3^2}{125}=\frac{54}{125}.$$

よって，$a+b+c$ が偶数である確率は

$$\frac{8}{125}+\frac{54}{125}=\frac{\boxed{62}}{\boxed{125}}.$$

(3)　a，b，c のうち，偶数，奇数がそれぞれ何個かに注目し，表を作ろう．（自分にわかる程度ならサッとかけるはずだ．）

a, b, c のうち偶数，奇数の個数		ab	bc	ca	$ab+bc+ca$
3個とも偶数		偶	偶	偶	偶
2個が偶数，1個が奇数	例えば a，b が偶数，c が奇数	偶	偶	偶	偶
1個が偶数，2個が奇数	例えば a が偶数，b，c が奇数	偶	奇	偶	奇
3個とも奇数		奇	奇	奇	奇

この場合を調べれば，他の，例えば「a，c が偶数で b が奇数」の場合も同様だ．

この表から，$ab+bc+ca$ が偶数となるのは，次の(i)と(ii)だとわかる．

(i)　a，b，c が3個とも偶数．

(ii)　a，b，c のうち，2個が偶数，1個が奇数．

(i)の確率は，$\dfrac{2^3}{125}=\dfrac{8}{125}$.

(ii)の確率は

$$\frac{{}_3C_2\cdot 2^2\cdot 3}{125}=\frac{36}{125}.$$

a，b，c のうちどの2つが偶数になるか（残りは奇数）が ${}_3C_2$ 通り．それぞれの場合で2つの偶数の決め方が 2^2 通り，奇数が3通りである．

(i) と (ii) は排反（同時には起きない，ということ）であるから，

求める確率は

$$\frac{8}{125}+\frac{36}{125}=\frac{\boxed{44}}{\boxed{125}}.$$

48

ア＝1，イウ＝36，エ＝5，オ＝9，カ＝5，キク＝12，ケ＝8，コサ＝27，シス＝37，セソタ＝216.

ポイント

(5) の「3 つのサイコロを同時に投げるとき，出る目の最大値が 4 である確率」は，難しい問題だ.

直接求めるには，次の 3 つの場合分けが必要になる.

(i)　サイコロが 3 つとも 4 の目.

(ii)　2 つが 4 の目で，他の 1 つは 3 以下の目.

(iii)　1 つだけ 4 の目で，他の 2 つは 3 以下の目.

この場合分けは面倒だが，(4) の「出る目の最大値が **4 以下**である確率」が巧妙なヒントだ.

つまり，「出る目の最大値が 4 以下」という事象は

(a)　出る目の最大値が 4

(b)　出る目の最大値が 3 以下

という 2 つの事象に分けられることを利用しよう.

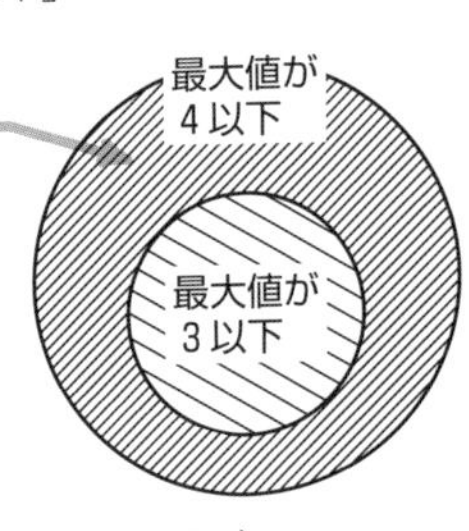

右図のようになるから

(最大値が 4 となる確率)

＝(最大値が 4 以下の確率)－(最大値が 3 以下の確率)

となる．こうすると計算しやすいのだ.（上の (i)〜(iii) の場合分けをするより楽だ！）

解説

目の出方の総数は $6^3(=216)$ 通りある.

(1)　3 つのサイコロがすべて同じ目となる出方は 6 通りあるから，

求める確率は

$$\frac{6}{6^3}=\frac{\boxed{1}}{\boxed{36}}.$$

(2)　すべて異なる目となる出方の総数は，「1，2，3，4，5，6から3個取り出して並べる順列の数」に等しくて，それは

$$6\cdot5\cdot4(=120)\text{ 通り}.$$

よって，求める確率は

$$\frac{6\cdot5\cdot4}{6^3}=\frac{\boxed{5}}{\boxed{9}}.$$

(3)　(1)もしくは(2)となることの余事象の確率を考えればよいから，求める確率は

$$1-\left(\frac{1}{36}+\frac{5}{9}\right)=\frac{15}{36}$$

$$=\frac{\boxed{5}}{\boxed{12}}.$$

あるいは次のように求めてもよい．

同じ目が出る2つのサイコロの選び方が${}_3C_2$通りあるので，求める確率は

$$\frac{{}_3C_2\times6\cdot5}{6^3}=\frac{5}{12}.$$

(4)　「3つのサイコロの目の最大値が4以下」とは，3つとも4以下の目ということなので，この確率は

$$\frac{4^3}{6^3}=\frac{\boxed{8}}{\boxed{27}}.$$

この考え方がうまい！同様に考えれば，「数学のテストを採点したが，全員が90点以下だ」と言われたら，最高点は90点以下だ．

(5)　「出る目の最大値が4以下」という事象は

(a)　出る目の最大値が4

(b)　出る目の最大値が3以下

という2つの事象に分けられる．

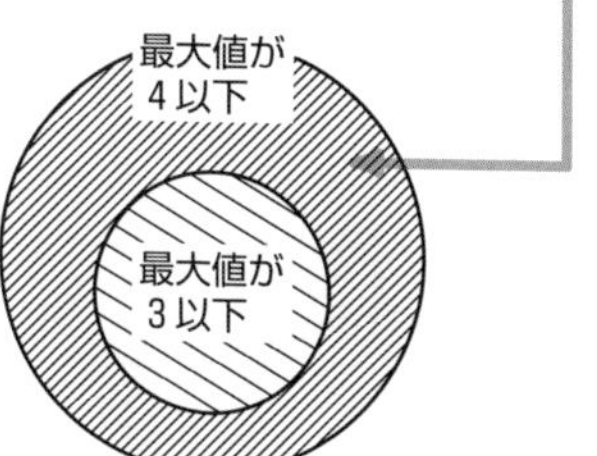

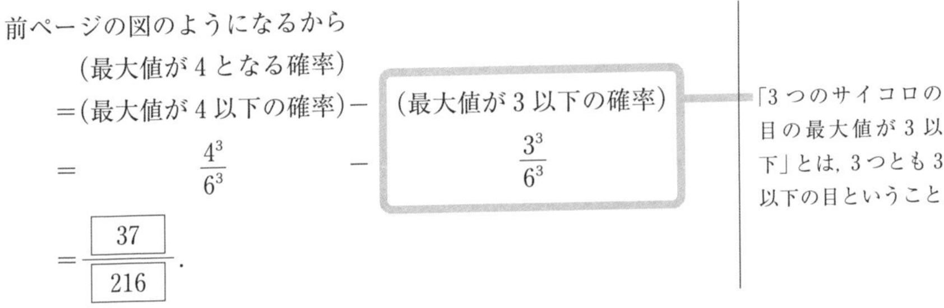

49

ア=1，イウエ=125，オカキ=544，クケコ=625，サシ=12，スセソ=125，タ=7，チツテ=125.

ポイント

(4)の「4 枚のカードの数字の合計が 8 である確率」は，**覚悟を決めて場合分けをしよう**.

4 枚のカードの数字を合計して 8 になるような組合せは

(i) $\{5, 1, 1, 1\}$　　(ii) $\{4, 2, 1, 1\}$　　(iii) $\{3, 3, 1, 1\}$

(iv) $\{3, 2, 2, 1\}$　　(v) $\{2, 2, 2, 2\}$

の 5 つの場合がある.

「どの箱からどの数字のカードを取り出すか」も考えて，それぞれの場合の確率を求めよう.

解説

合計 4 枚のカードを取り出す仕方の総数は $5^4(=625)$ 通り.

(1) 4 枚とも同じ数字のカードを取り出す仕方は 5 通りであるから，求める確率は

$$\frac{5}{5^4}=\frac{1}{5^3}=\frac{\boxed{1}}{\boxed{125}}.$$

(2) 余事象の確率を利用しよう.

数字「1」のカードも，数字「2」のカードも含まれないようなカードの取り出し方の総数は，どの箱からも「3」，「4」，「5」のいずれかのカードを取り出す仕方の総数に等しくて，それは

$$3^4 \text{ 通り}.$$

よって，「1」または「2」のカードが含まれているようなカードの取り出し方の総数は

$$5^4-3^4=625-81=544\text{ 通り}.$$

ゆえに，求める確率は

$$\frac{\boxed{544}}{\boxed{625}}.$$

(3) 2枚ずつ取り出される2数の選び方は ${}_5C_2\,(=10)$ 通りである．

この2数を，例えば a，b とすれば，4個の箱から，「a」のカードを2枚，「b」のカードを2枚取り出す仕方の数は

$$\frac{4!}{2!2!}=6\text{ 通り}.$$

よって，題意のカードの取り出し方の総数は

$$10\times6\text{ 通り}.$$

ゆえに，求める確率は

$$\frac{10\times6}{5^4}=\frac{\boxed{12}}{\boxed{125}}.$$

(4) 4つの数の合計が8となるようなカードの組合せは次の5通りである．

$\{5, 1, 1, 1\}$，$\{4, 2, 1, 1\}$，$\{3, 3, 1, 1\}$，$\{3, 2, 2, 1\}$，$\{2, 2, 2, 2\}$．

次に，各組合せに対して，どの箱からどのカードを取り出すかを考慮したカードの取り出し方を調べると次のようになる．

(i) $\{5, 1, 1, 1\}$ について．4通りある．

(ii) $\{4, 2, 1, 1\}$ について．$\dfrac{4!}{1!1!2!}=12$ 通りある．

(iii) $\{3, 3, 1, 1\}$ について．(3)で考えたように6通りある．

(iv) $\{3, 2, 2, 1\}$ について．$\dfrac{4!}{1!2!1!}=12$ 通りある．

(v) $\{2, 2, 2, 2\}$ について．1通りだけ．

以上から，題意のカードの取り出し方の総数は，

$$4+12+6+12+1=35\text{ 通り}.$$

よって，求める確率は．

$$\frac{35}{625}=\frac{\boxed{7}}{\boxed{125}}.$$

2枚ずつ取り出す2数は同時に決めるので組合せを用いる．「$\boxed{1}$と$\boxed{2}$を2枚ずつ取る」と「$\boxed{2}$と$\boxed{1}$を2枚ずつ取る」は同じことだから，区別してはいけない．

4つの箱から，$\boxed{4}$，$\boxed{2}$，$\boxed{1}$，$\boxed{1}$を取り出すには，「どの箱からどの数字を取るか」を区別する．それは，「$\boxed{4}$，$\boxed{2}$，$\boxed{1}$，$\boxed{1}$を1列に並べる」となり「同じものを含む順列」により $\dfrac{4!}{1!1!2!}=12$ 通りとなる．

50

ア=1, イウ=15, エ=7, オカ=15, キ=7, クケ=15, コ=2, サシ=15, ス=1, セ=3.

ポイント

「取り出した3個の球を戻さずに」という条件に注意すること．試験のときには，こういう重要な条件は下線を引くぐらい慎重に問題文を読もう．

解説

(1) 1回目に，赤球1個，白球2個を取り出す確率を求めて，

$$\frac{{}_8C_1 \cdot {}_2C_2}{{}_{10}C_3} = \frac{8 \cdot 1}{120} = \frac{\boxed{1}}{\boxed{15}}.$$

(2) 1回目に，赤球2個，白球1個を取り出す確率を求めて，

$$\frac{{}_8C_2 \cdot {}_2C_1}{{}_{10}C_3} = \frac{28 \cdot 2}{120} = \frac{\boxed{7}}{\boxed{15}}.$$

(3) 1回目に，赤球3個を取り出す確率を求めて，

$$\frac{{}_8C_3}{{}_{10}C_3} = \frac{56}{120} = \frac{\boxed{7}}{\boxed{15}}.$$

(4) 1回目と2回目の球の取り方は全体で

$${}_{10}C_3 \times {}_7C_3 \text{ 通り．}$$

そのうち，1回目と2回目のいずれも赤球3個となるのは

$${}_8C_3 \times {}_5C_3 \text{ 通り．}$$

求める確率は，

$$\frac{{}_8C_3 \times {}_5C_3}{{}_{10}C_3 \times {}_7C_3} = \frac{8 \cdot 7 \cdot 6 \times 5 \cdot 4 \cdot 3}{10 \cdot 9 \cdot 8 \times 7 \cdot 6 \cdot 5} = \frac{\boxed{2}}{\boxed{15}}.$$

(5)　白球が2個だから，2回とも赤球が1個以下ということはない．

(i)　2回とも赤球をちょうど2個取り出す確率は，

$$\frac{{}_8C_2 \cdot {}_2C_1 \times {}_6C_2 \cdot {}_1C_1}{{}_{10}C_3 \times {}_7C_3} = \frac{7}{15} \times \frac{{}_6C_2}{{}_7C_3} = \frac{7}{15} \times \frac{15}{35} = \frac{1}{5}.$$

(ii)　2回とも赤球を3個取り出す確率は(4)より

$$\frac{2}{15}.$$

よって，(i)，(ii)から求める確率は

$$\frac{1}{5} + \frac{2}{15} = \frac{5}{15} = \frac{\boxed{1}}{\boxed{3}}.$$

51

ア＝1，イ＝4，ウ＝7，エオ＝16，カキ＝27，クケコ＝128.

ポイント

サイコロを繰り返し投げる試行のように，

- 同じ条件のもとでの試行を繰り返す
- ただし，各回の試行は互いに独立（すなわち，影響し合わない）

という試行を**反復試行**という．

反復試行の確率

1回の試行で事象 A が起こる確率を p とする．

この試行を n 回行う反復試行において，A がちょうど k 回起こることは

- どの k 回で起こるのかというパターンが，${}_nC_k$ 通り，
- そのパターンのいずれも，起こる確率は，$p^k(1-p)^{n-k}$

となるので，「n 回のうち A がちょうど k 回起こる」という確率は

$${}_nC_k p^k (1-p)^{n-k}.$$

（例） サイコロを3回投げるとき，1の目がちょうど1回出る確率は

$${}_3C_1\cdot\frac{1}{6}\left(1-\frac{1}{6}\right)^2=\frac{25}{72}.$$

この問題の(3)では，**「4ゲームまででAが2勝2敗」となる確率を求めればよい**のだが（5ゲーム目はAとBのどちらが勝っても優勝が決まる），これは反復試行の確率である.

解説

(1) Bの得点は2, 4, 6, 8, 10, 12であることに注意してAとBの得点の表を作ろう．Aが勝つ所にAと書いてある.

A＼B	2	4	6	8	10	12
1						
2	A					
3	A					
4	A	A				
5	A	A				
6	A	A	A			

思い切って表を作ってしまおう.

AとBの得点の組は36通りありどれも同様に確からしい．Aが勝つのは表の9通りの場合だから確率は

$$\frac{9}{36}=\frac{\boxed{1}}{\boxed{4}}.$$

(2) 1つのゲームでBが勝つ確率は

$$1-\frac{1}{4}=\frac{3}{4}.$$

3ゲーム目で優勝が決まる確率は，

$$\underbrace{\left(\frac{1}{4}\right)^3}_{\text{A 3連勝}}+\underbrace{\left(\frac{3}{4}\right)^3}_{\text{B 3連勝}}=\frac{\boxed{7}}{\boxed{16}}.$$

これがうまい．2勝2敗の後の5ゲーム目は，必ず優勝が決まるのだ.

(3) 5ゲーム目で優勝が決まるのは，4ゲーム目まででAが2勝2敗の場合であり，5ゲーム目はどちらが勝っても優勝が決まる.

よって，確率は

反復試行の確率.

$${}_4C_2\cdot\left(\frac{1}{4}\right)^2\cdot\left(\frac{3}{4}\right)^2=6\cdot\frac{9}{256}$$

$$=\frac{\boxed{27}}{\boxed{128}}.$$

52

アイ＝20，ウエオ＝243，カキ＝10，クケコ＝896，サシスセ＝6561.

解説

(1) サイコロを6回投げて1から4までの目がx回，5か6の目が$6-x$回出たとすると，Aが座標10の点にいるには，

まず，「1から4までの目」が何回出ればよいのかを求めよう.

$$x+2(6-x)=10.$$
$$-x+12=10.$$
$$\therefore\quad x=2.$$

よって，確率は

反復試行の確率だよ.

$${}_6C_2\cdot\left(\frac{4}{6}\right)^2\cdot\left(\frac{2}{6}\right)^4=15\cdot\frac{4}{9}\cdot\frac{1}{81}$$
$$=\frac{\boxed{20}}{\boxed{243}}.$$

(2) 1から4の目がx回，5か6の目がy回出てAとBが出会ったとすると，

$$x+2y=30-(2x+y).$$
$$3x+3y=30.$$
$$\therefore\quad x+y=10. \qquad \cdots①$$

つまり，サイコロを$\boxed{10}$回振ったときである.

座標15の点で出会うなら，

$$x+2y=15. \qquad \cdots②$$

①，②より，

$$x=y=5.$$

したがって，確率は，

$${}_{10}C_5\left(\frac{4}{6}\right)^5\left(\frac{2}{6}\right)^5=\frac{\boxed{896}}{\boxed{6561}}.$$

53

ア＝3，イ＝4，ウエ＝11，オカ＝36，キ＝1，ク＝6，ケ＝6，コサ＝11．

ポイント

以下，少し長くなるが**条件付き確率**について確認しよう．

条件付き確率の導入

（例 1） 1 個のさいころを 1 回投げるとき，出た目を X とする．

このとき，X が偶数であるという事象を A，$X \geqq 4$ であるという事象を B とすると，B が起こる確率は

$$P(B)=\frac{3}{6}=\frac{1}{2}.$$

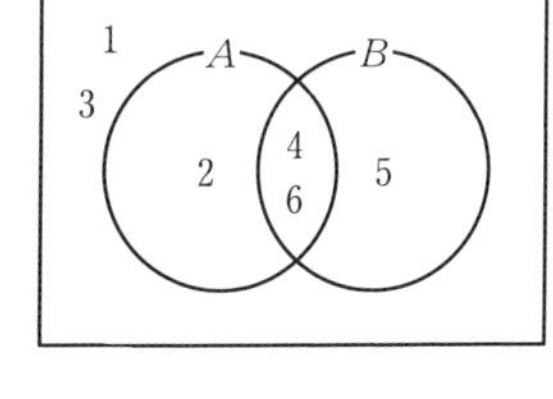

一方，X が偶数であると分かっているとき，それが 4 以上になる確率 p を考えてみよう．

X は 2，4，6 という 3 つのうちの 1 つであり，同様に確からしい．

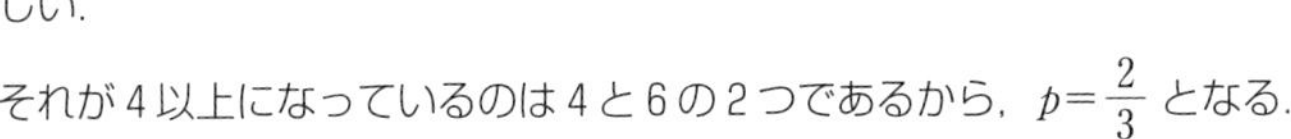
それが 4 以上になっているのは 4 と 6 の 2 つであるから，$p=\frac{2}{3}$ となる．

この p を

条件 A が起きたときの事象 B が起きる**条件付き確率**

といい，$\boldsymbol{P_A(B)}$ で表す．

つまり，この場合は，$P_A(B)=\frac{2}{3}$ である．

条件付き確率の定義

条件付き確率を一般的に定めよう．

各根元事象が同様に確からしい試行における全事象を U とし，A，B を 2 つの事象とし，$n(A) \neq 0$ とする（$n(A)$ は，A が起きる根元事象の個数）．

このとき，A が起こったとき B が起きる**条件付き確率** $\boldsymbol{P_A(B)}$ **は**

A を全事象としたときの事象 $A \cap B$ の起こる確率

のことである．

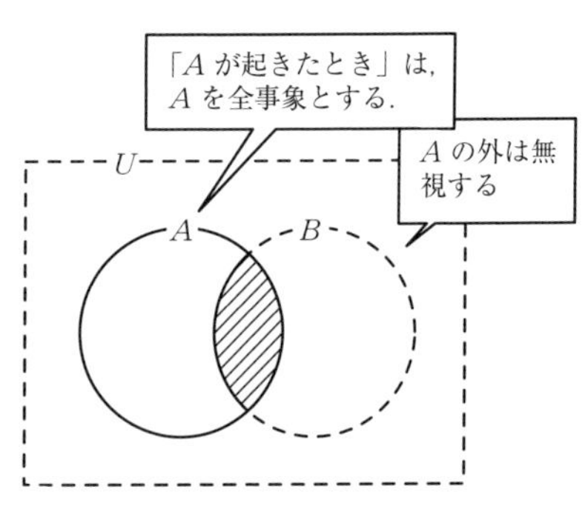

よって，

$$P_A(B)=\frac{n(A\cap B)}{n(A)}$$

となり，分子と分母を $n(U)$ で割れば，

$$\frac{n(A\cap B)}{n(U)}=P(A\cap B),\quad \frac{n(A)}{n(U)}=P(A)$$

を用いて，次のようになる．

条件付き確率

$$\boldsymbol{P_A(B)=\frac{P(A\cap B)}{P(A)}}$$

（例 2）　前頁の例 1 の場合は

$$P_A(B)=\frac{P(A\cap B)}{P(A)}=\frac{\frac{2}{6}}{\frac{3}{6}}=\frac{2}{3}$$

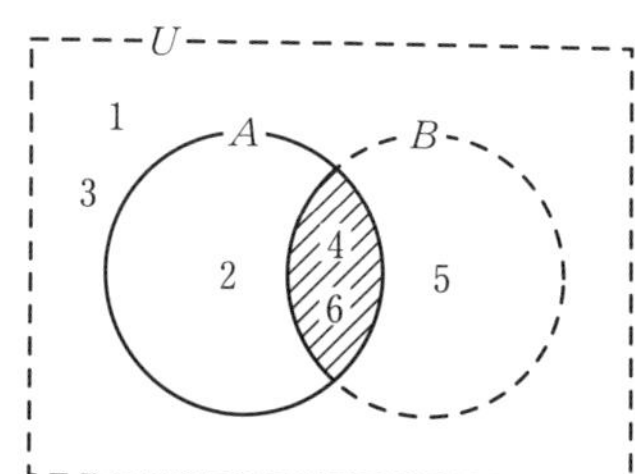

解説

Xが2の倍数となることの余事象は，「2個のさいころの目がどちらも奇数」であり，確率は $\left(\frac{3}{6}\right)^2=\frac{1}{4}$.

よって，Xが2の倍数となる確率は

$$1-\frac{1}{4}=\frac{\boxed{3}}{\boxed{4}}.$$

Xが5の倍数となることの余事象は，「2個のさいころの目がどちらも5以外の目」であり，確率は $\left(\frac{5}{6}\right)^2$.

よって，Xが5の倍数となる確率は

$$1-\left(\frac{5}{6}\right)^2=\frac{\boxed{11}}{\boxed{36}}.$$

Xが10の倍数になるのは，「2個のさいころの目の一方が偶数，他方が5」のときなので，確率は

Xが2の倍数になるのは，2個のさいころについて
（i）2個とも偶数
（ii）1個が偶数，1個が奇数
の2つの場合がある．余事象は「2個とも奇数」となり，場合分けが要らないから確率が求めやすい．

$$2\cdot\frac{3}{6}\cdot\frac{1}{6}=\frac{\boxed{1}}{\boxed{6}}.$$

「X が 5 の倍数」という事象を A,「X が 2 の倍数」という事象を B と表す.

X が 5 の倍数であるという条件のもとで, X が 2 の倍数である条件付き確率は

$$P_A(B)=\frac{P(A\cap B)}{P(A)}$$

$$=\frac{(X \text{ が } 10 \text{ の倍数である確率})}{P(A)}$$

$$=\frac{\frac{1}{6}}{\frac{11}{36}}$$

$$=\frac{\boxed{6}}{\boxed{11}}.$$

$A\cap B$ とは,「X が 2 の倍数かつ 5 の倍数」となるので,「X が 10 の倍数」ということだ.

54

ア＝1，イ＝3，ウ＝1，エ＝6，オカ＝11，キク＝18，ケ＝3，コサ＝11.

ポイント

(4)の「袋から赤玉を取り出した$_E$という条件のもとで，その玉が箱Bに入っていた赤玉である$_F$という条件付き確率」という問題文を読んで

「事象Fは事象Eより過去のことなのに，その確率ってどういうこと？」

と混乱する生徒がときどきいる.（そのためにこの問題を入れたのだ.）

しかし，問題**53**で解説した条件付き確率の定義を思い出してみよう.「事象Eが起きたという条件のもとで事象Fが起きる条件付き確率$P_E(F)$」とは

$$P_E(F)=\frac{P(E\cap F)}{P(E)}$$

のことであった. EとFのどちらが先に起きるかどうかは**どうでもいいのだ**.

右辺の分子と分母の確率を求めて，この定義に当てはめるだけである.

重　要

「事象Eが起きたという条件のもとで事象Fが起きる条件付き確率$P_E(F)$」は，

$$P_E(F)=\frac{P(E\cap F)}{P(E)}$$

という定義により計算する. **EとFの時間的順序はどうでもよい.**

解説

(1)　箱Aからの2個の玉の取り出し方は全部で

$${}_3C_2=3\text{（通り）}.$$

> 確率を考えるので，箱Aの3個の玉はすべて区別する.

よって，箱Aから赤玉を2個取り出す確率は，

$$\frac{\boxed{1}}{\boxed{3}}.$$

(2)　袋に赤玉が3個入るのは，箱Aから赤玉を2個取り出し，箱Bから赤玉を1個取り出すときである.

この確率は，

$$\underbrace{\frac{1}{3}}_{(1)}\times\underbrace{\frac{2}{4}}_{\text{Bから赤玉}}=\frac{\boxed{1}}{\boxed{6}}.$$

(3)　箱Aからの玉の取り方は「赤2個」と「赤1個と白1個」の場

合があり,「赤1個と白1個」の確率は

$$\underbrace{1-\frac{1}{3}}_{(1)\text{の余事象}}=\frac{2}{3}.$$

箱Bからの玉の取り方は「赤1個」と「白1個」の場合があり,どちらも確率は

$$\frac{2}{4}=\frac{1}{2}.$$

袋から赤玉を取り出すのは次の(i)〜(iv)の場合がある.

(i) Aから赤2個,Bから赤1個を取り,袋から赤玉を取り出す確率は

$$\underbrace{\frac{1}{6}}_{(2)}\times\underbrace{\frac{3}{3}}_{\text{袋から赤}}=\frac{1}{6}. \quad\cdots①$$

(ii) Aから赤2個,Bから白1個を取り,袋から赤玉を取り出す確率は

$$\underbrace{\frac{1}{3}}_{(1)}\times\underbrace{\frac{1}{2}}_{\text{Bから白}}\times\underbrace{\frac{2}{3}}_{\text{袋から赤}}=\frac{1}{9}. \quad\cdots②$$

(iii) Aから赤1個と白1個,Bから赤1個を取り,袋から赤玉を取り出す確率は

$$\underbrace{\frac{2}{3}}_{\text{Aから赤白}}\times\underbrace{\frac{1}{2}}_{\text{Bから赤}}\times\underbrace{\frac{2}{3}}_{\text{袋から赤}}=\frac{2}{9}. \quad\cdots③$$

(iv) Aから赤1個と白1個,Bから白1個を取り,袋から赤玉を取り出す確率は

$$\underbrace{\frac{2}{3}}_{\text{Aから赤白}}\times\underbrace{\frac{1}{2}}_{\text{Bから白}}\times\underbrace{\frac{1}{3}}_{\text{袋から赤}}=\frac{1}{9}. \quad\cdots④$$

求める確率は①〜④の確率を足して

$$\frac{1}{6}+\frac{1}{9}+\frac{2}{9}+\frac{1}{9}=\frac{\boxed{11}}{\boxed{18}}.$$

(4) 事象E, Fを

E:袋から赤玉を取り出す

F:その赤玉が箱Bに入っていた赤玉

と定める.

求める確率は「E が起きたという条件のもとで F が起きる条件付き確率 $P_E(F)$」であり

$$P_E(F)=\frac{P(E\cap F)}{P(E)} \quad \cdots⑤$$

となる.

(3) より，$P(E)=\frac{11}{18}$ である.

$P(E\cap F)$ は次の (i)，(ii) により求められる.

(i)　A から赤 2 個，B から赤 1 個を取り，「袋から B に入っていた赤玉（「赤 B」と表す）」を取り出す確率は

$$\underbrace{\frac{1}{6}}_{(2)}\times\underbrace{\frac{1}{3}}_{\text{袋から「赤B」}}=\frac{1}{18}. \quad \cdots⑥$$

(ii)　A から赤 1 個と白 1 個，B から赤 1 個を取り，「袋から B に入っていた赤玉（「赤 B」と表す）」を取り出す確率は

$$\underbrace{\frac{2}{3}}_{\text{Aから赤白}}\times\underbrace{\frac{1}{2}}_{\text{Bから赤}}\times\underbrace{\frac{1}{3}}_{\text{袋から「赤B」}}=\frac{1}{9}. \quad \cdots⑦$$

⑥+⑦ より，

$$P(E\cap F)=\frac{1}{18}+\frac{1}{9}=\frac{1}{6}.$$

⑤ に代入し

$$P_E(F)=\frac{\frac{1}{6}}{\frac{11}{18}}=\frac{\boxed{3}}{\boxed{11}}.$$

($P(E\cap F)$ を求める別解)

箱 B に入っている 2 個の赤玉を R_1，R_2 とする.

$E\cap F$ は「R_1 か R_2 を袋から取り出す」である.

R_1 が袋に入り，かつ，袋から取り出される確率は，

$$\underbrace{\frac{1}{4}}_{\text{Bから}R_1}\times\underbrace{\frac{1}{3}}_{\text{袋から}R_1}=\frac{1}{12}.$$

R_2 が袋に入り，かつ，袋から取り出される確率も同様に $\frac{1}{12}$.

よって

この見方が役に立つ.
確率はものを区別するのが原則だから，「B に入っていて袋から取り出される赤玉」を R_1 なのか R_2 なのか区別する.
箱 A から取り出す赤玉の個数を気にしなくてよくなるので，確率が求めやすい.

$$P(E \cap F)=2\times\frac{1}{12}=\frac{1}{6}.$$

（別解終り）

55

ア=7，イ=2，ウ=7，エ=2，オ=7，カ=7，キ=2，ク=7，ケ=2，コ=7，
サ=7，シ=7，スセ=14

ポイント

取り得る値のそれぞれに対し，その値を取る確率が決まっている変数を**確率変数**という．

以下では，確率変数 X のとりうる値が x_1，x_2，x_3，…，x_n であるとし，

$P(X=x_k)=p_k$ （$X=x_k$ となる確率だよ）

とする．このとき

期待値の定義

X の期待値は，

$$E(X)=\sum_{k=1}^{n}x_kp_k=x_1p_1+x_2p_2+\cdots+x_np_n$$

つまり，X の期待値は

「(X のとりうる値)×(その値をとる確率)」をすべて足したもの

となる．

(意味) X の期待値 $E(X)$ は，「X がとりうる値はだいたいどれぐらいか」を表す．

(例 1)

1 枚の硬貨を 2 回投げ，表の出た回数を X とすると，$X=0$，1，2 であり，その確率は次の表のようになる．

X	0	1	2	計
確率 P	$\frac{1}{4}$	$\frac{1}{2}$	$\frac{1}{4}$	1

よって，X の期待値 $E(X)$ は

$$E(X)=0\cdot\frac{1}{4}+1\cdot\frac{1}{2}+2\cdot\frac{1}{4}=1 \quad ■$$

また，2つの確率変数 X，Y があるとき，その和の期待値 $E(X+Y)$ について

$$\underbrace{E(X+Y)}_{\text{和の期待値}}=\underbrace{E(X)+E(Y)}_{\text{期待値の和}}$$ **（和の期待値は期待値の和）**

が成り立つ．厳密には数学B「確率分布と統計的な推測」の公式であるが，便利なので使いこなそう．

～「和の期待値は期待値の和」の証明～

X と Y のとりうる値が2つずつの場合に示す（とりうる値がもっと多くても同様にできる）．

X，Y のとりうる値をそれぞれ

$X=a,\ a'$　　$Y=b,\ b'$

としよう．

X，Y がそれぞれの値をとる確率を次の表のように定める．

X ＼ Y	b	b'
a	p	q
a'	r	s

すなわち，

- $X=a$ かつ $Y=b$ となる確率は，p
- $X=a$ となるのは，「$X=a$ かつ $Y=b$」の場合と「$X=a$ かつ $Y=b'$」の場合があるので，確率は $p+q$
- $Y=b$ となるのは，「$Y=b$ かつ $X=a$」の場合と「$Y=b$ かつ $X=a'$」の場合があるので，確率は $p+r$

のようになる．

したがって，

$$E(X+Y)=(a+b)p+(a+b')q+(a'+b)r+(a'+b')s \quad \cdots\cdots\cdots ①$$

一方，

$$E(X)=a(p+q)+a'(r+s) \quad \cdots\cdots\cdots ②$$

$$E(Y)=b(p+r)+b'(q+s) \quad \cdots\cdots\cdots ③$$

②＋③ を整理すれば，① に一致するとわかる．

（証明終り）

解説

(1) x は 1 から 6 までの値を確率 $\frac{1}{6}$ ずつで取るので，その期待値 $E(x)$ は

$$E(x)=\frac{1}{6}(1+2+3+4+5+6)=\frac{1}{6}\cdot\frac{1}{2}\cdot6\cdot7=\frac{\boxed{7}}{\boxed{2}}.$$

正の整数 n に対し $1+2+\cdots+n=\frac{1}{2}n(n+1)$ が成り立つ．数 B「数列」の公式であるが便利なので使おう．

同様に

$$E(y)=\frac{\boxed{7}}{\boxed{2}}.$$

よって

$$E(x+y)=E(x)+E(y)=\frac{7}{2}+\frac{7}{2}=\boxed{7}.$$

「和の期待値は期待値の和」で簡単に求められる．$x+y=2, 3, \cdots, 12$ であるが，それぞれの確率を求めて期待値の定義に当てはめるのは面倒だ．

(2) (1) の $E(x)$ と同じく

$$E(X)=\frac{7}{2}.$$

Y のとり得る値は 1 から 6 までの整数であるが，「どれになりやすい」とか「なりにくい」はあり得ないから，それぞれ確率 $\frac{1}{6}$ でとり得る．

大事な考え方．使いこなそう．

よって，$E(X)$ と同様に

$$E(Y)=\frac{\boxed{7}}{\boxed{2}}.$$

よって

$$E(X+Y)=E(X)+E(Y)=\frac{7}{2}+\frac{7}{2}=\boxed{7}.$$

「和の期待値は期待値の和」で簡単に求められる．$X+Y=3, 4, \cdots, 11$ であるが，それぞれの確率を求めて期待値の定義に当てはめるのは面倒だ．

(3) 順に 2 枚を取り出すとしてよいから，(2) の X と Y を用いて

$$Z=X+Y$$

としてよい．

よって

$$E(Z)=E(X+Y)=\boxed{7}.$$

1から6までの整数が書かれたカードから2枚取り，元に戻さないでまた2枚取るとき，2枚のカードの組は「1回目に取られやすい」とか「2回目に取られやすい」などとかはあり得ない．よって，ZとWを比べると「どちらかが大きくなりやすい」などと言うことはあり得ない．

(2)のYと同様の考え方．

したがって

$$E(W)=E(Z)=\boxed{7}.$$

よって

$$E(Z+W)=E(Z)+E(W)=7+7=\boxed{14}.$$

「和の期待値は期待値の和」で簡単に求められる．期待値の定義を用いるのは面倒だ．

〔別解〕

1から6までの整数が書かれたカードから2枚取り，元に戻さないでまた2枚取るとき，残った2枚に書かれた数の和をUとする．

ZとUは「どちらが大きくなりやすい」とか「どちらが小さくなりやすい」はあり得ないので

また，これです．便利ですよ．

$$E(U)=E(Z)=7.$$

また

$$Z+W+U=1+2+3+4+5+6=21.$$

よって

$$21=E(Z+W+U)=E(Z+W)+E(U).$$

$Z+W+U$はつねに21なので期待値も21.

よって

$$E(Z+W)=21-E(U)=14.$$

（別解終り）

第７章　図形の性質

56

アイ＝50，ウエ＝30，オカ＝30，キク＝20，ケコサ＝120.

ポイント

問題の図の中には，合同な三角形が何組かある.

- ∠ADC を求めるには，△ADC，およびそれと合同な △BDC に注目しよう.
- ∠CBE を求めるには，最初に求めた ∠ABC がヒントである.

∠CBE＝$\underbrace{\angle \text{ABC}}_{\text{求めてある}}$－∠ABE であるから，∠ABE を求めればよく，△ABE とそれに合同な △ADC に注目しよう.

解説

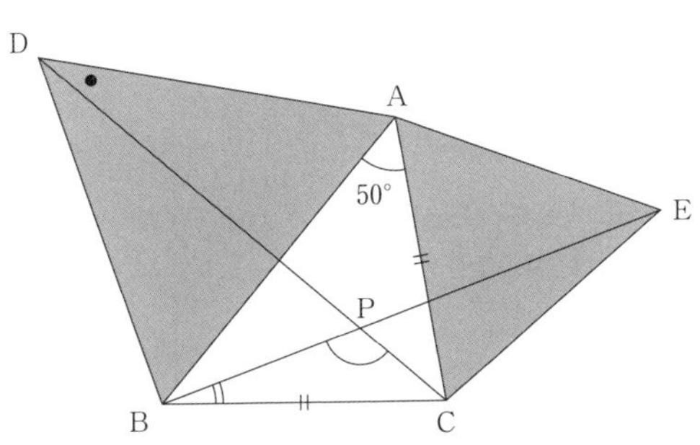

灰色の部分は正三角形

AC＝BC であるから，三角形 ABC は二等辺三角形となるので

∠ABC＝∠BAC＝ 50 °.

$$\begin{cases} \text{AD}=\text{BD}\ (\triangle\text{ABD が正三角形より}), \\ \text{AC}=\text{BC}, \\ \text{DC は共通} \end{cases}$$

より

△ADC≡△BDC　　…①

となるので

$$\angle \text{ADC}=\frac{1}{2}\angle \text{ADB}$$

∠ADC を求めたいので △ADC に注目し，それと △BDC が合同であることを利用する.

$$=\frac{1}{2}\cdot 60^\circ$$
$$=\boxed{30}^\circ.$$

また

$$\begin{cases} \text{AB}=\text{AD}（\triangle\text{ABD} \text{が正三角形より}）, \\ \text{AE}=\text{AC}（\triangle\text{ACE} \text{が正三角形より}）, \\ \angle\text{BAE}=\angle\text{DAC}（\text{どちらも} \angle\text{BAC}+60^\circ） \end{cases}$$

より，$\triangle$ABE≡$\triangle$ADC となるので

$$\angle\text{ABE}=\angle\text{ADC}=\boxed{30}^\circ.$$
$$\angle\text{CBE}=\angle\text{ABC}-\angle\text{ABE}$$
$$=50^\circ-30^\circ$$
$$=\boxed{20}^\circ.$$

① より

$$\angle\text{BCD}=\frac{1}{2}\angle\text{BCA}$$
$$=\frac{1}{2}(180^\circ-\angle\text{ABC}-\angle\text{BAC})$$
$$=\frac{1}{2}(180^\circ-2\cdot 50^\circ)$$
$$=40^\circ.$$

よって，三角形 BPC に注目し

$$\angle\text{BPC}=180^\circ-\angle\text{BCD}-\angle\text{CBE}$$
$$=180^\circ-40^\circ-20^\circ$$
$$=\boxed{120}^\circ.$$

〔**∠BPC** を求める別解〕

$\triangle$ABE≡$\triangle$ADC であるから（次図の太線部分），次図より，$\triangle$ABE を点 A を中心に 60° 回転すると $\triangle$ADC になる．

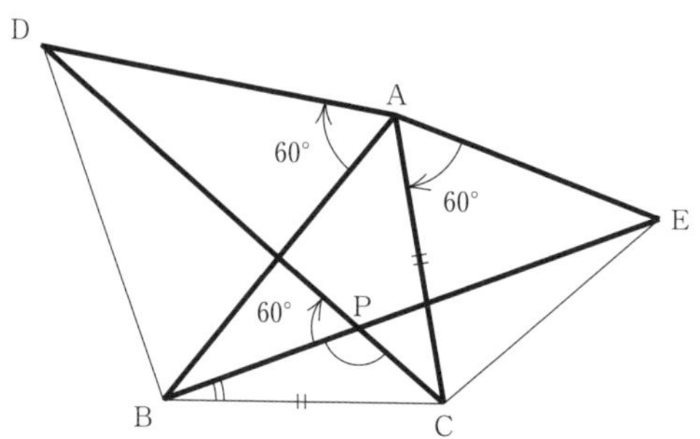

∠CBE
＝∠ABC－∠ABE
＝50°－∠ABE
となるから，∠CBE を求めるには ∠ABE を求めればよい．
そのために，$\triangle$ABE と，それに合同な $\triangle$ADC に注目した．

∠BPC を求めるには $\triangle$BPC を利用すればよく，
∠CBP＝∠CBE
＝20°
は求めてあるので，
∠BCP＝∠BCD
を求める．

よって，点 A を中心に直線 BE を 60° 回転すると直線 DC になるので，この 2 直線のなす鋭角は 60° である．

したがって，図より ∠BPD＝60° となり，

$$\angle BPC=180^\circ-\angle BPD=180^\circ-60^\circ=\boxed{120}^\circ.$$

57

ア＝②，イ＝⓪，ウ＝①．

ポイント

この問題では，次のことが重要だ．

四角形が円に内接する条件

四角形 ABCD が円に内接する

⟺ ∠ABC＋∠ADC＝180°

（向かい合う角の和が 180°）

⟺ ∠ACB＝∠ADB （円周角）

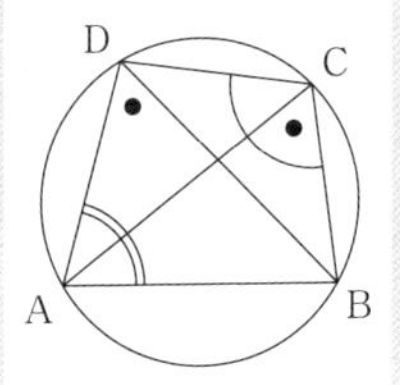

特に，2 つの直角三角形が斜辺を共有するときは，その 2 つの直角三角形でできる四角形は円に内接する．（斜辺が直径）

例えば右図では，2 つの直角三角形 ABC，ADC により，円に内接する四角形 ABCD ができている．

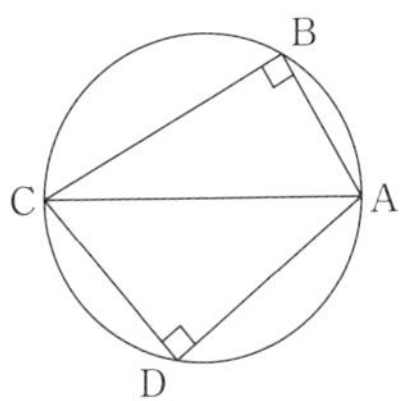

本問のように，図に直角三角形がいくつか現れている場合は，このことに注意し，円に内接する四角形を見つけて利用しよう．

（注．問の点 H を，三角形 ABC の垂心（すいしん）という．）

解説

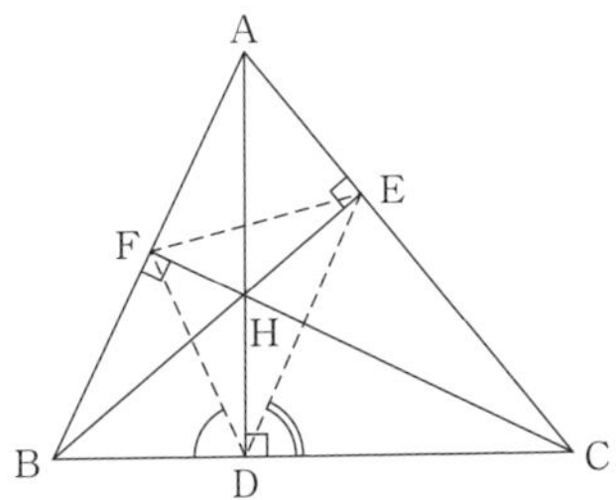

$$\angle BDH+\angle BFH=90^\circ+90^\circ$$
$$=180^\circ.$$

よって，四角形 BDHF は円に内接し，

直角三角形 BDH と直角三角形 BFH により，円に内接する四角形 BDHF ができている．

$$\angle BDF=\angle BHF \text{（円周角）}. \quad \cdots ①$$

∴　ア＝②．

同様に，四角形 CDHE が円に内接することから

$$\angle CDE=\angle CHE \text{（円周角）}. \quad \cdots ②$$

∴　イ＝⓪．

$$\angle BHF=\angle CHE \text{（対頂角）}.$$

これと ①，② より，

$$\angle BDF=\angle CDE.$$

$$\therefore \quad 90^\circ-\angle BDF=90^\circ-\angle CDE.$$

$$\therefore \quad \angle HDF=\angle HDE. \quad \cdots ③$$

同様に，

$$\angle HED=\angle HEF. \quad \cdots ④$$

$$\angle HFE=\angle HFD. \quad \cdots ⑤$$

③，④，⑤ より H は三角形 DEF の内心である．

∴　ウ＝①．

58

ア＝⑤，イ＝④，ウ＝①，エ＝⓪，オ＝③，カ＝②，キ＝1．

ポイント

本問では，チェバの定理の証明を確認しよう．定理の理解が深まるし，証明で使われる手法がとても役に立つからだ．

チェバの定理

三角形 ABC の 3 辺 AB，BC，CA またはその延長上に，それぞれ点 P，Q，R をとるとき，3 直線 AQ，BR，CP が 1 点 O で交われば

$$\frac{AP}{PB}\cdot\frac{BQ}{QC}\cdot\frac{CR}{RA}=1$$

が成り立つ．

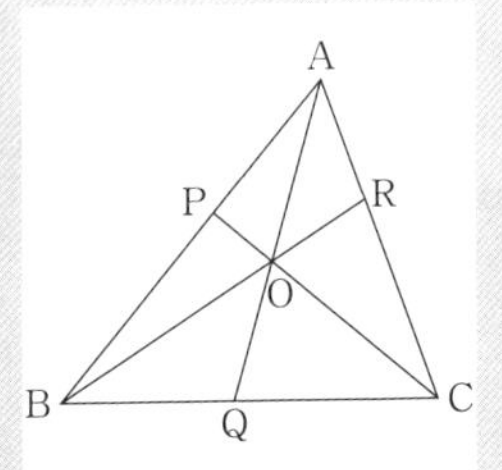

この定理の証明のポイントは次の性質である．

三角形の面積比

底辺 OA を共通とする三角形 OAB と OAC について，OA と BC の交点を D とすると

$$\frac{\triangle OAB}{\triangle OAC}=\frac{BD}{CD}$$

（このように三角形の面積比を線分比に帰着させる方法は，役に立つ．）

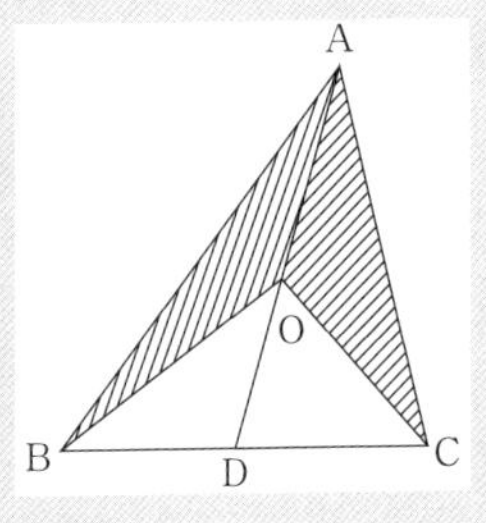

【証明】 B，C から直線 OA へ下ろした垂線の長さをそれぞれ h，k とすると，

$$\frac{\triangle OAB}{\triangle OAC}=\frac{h}{k}.$$

一方，右図の中の“相似な直角三角形”に注目すれば，

$$\frac{h}{k}=\frac{BD}{CD}$$

となる．（証明終り）

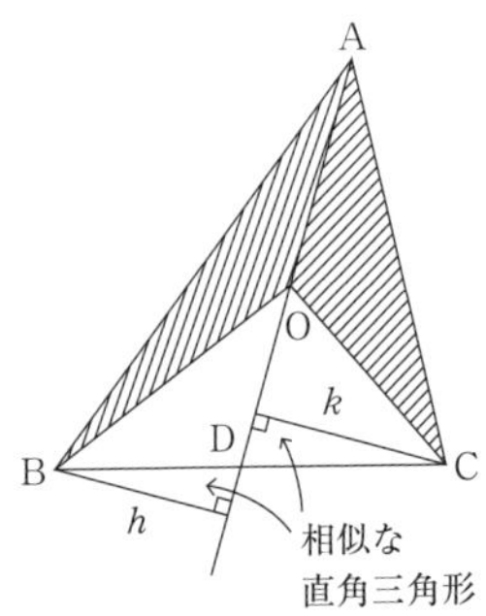

これを用いて本問は考えればよい．

解説

ポイント で解説したようにして，三角形の面積比を線分比に帰着させよう．

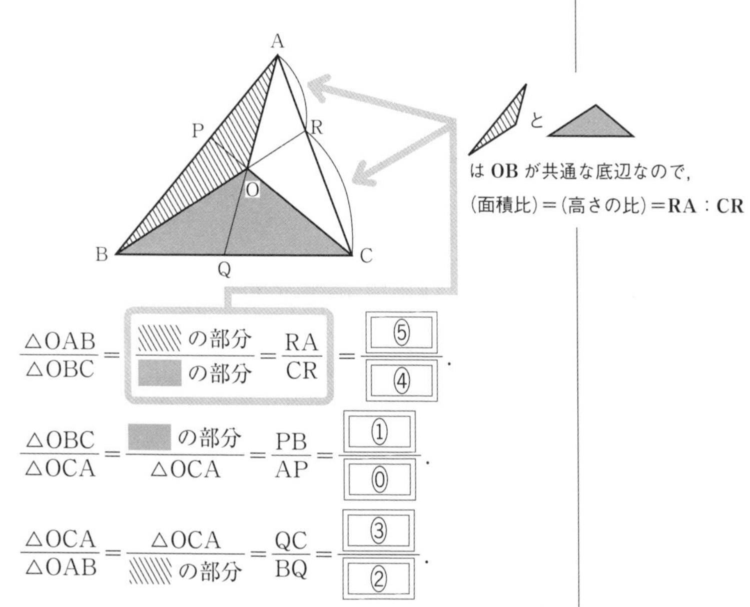

よって，分子と分母を逆にして

$$\frac{\text{CR}}{\text{RA}}=\frac{\triangle\text{OBC}}{\triangle\text{OAB}},\quad \frac{\text{AP}}{\text{PB}}=\frac{\triangle\text{OCA}}{\triangle\text{OBC}},\quad \frac{\text{BQ}}{\text{QC}}=\frac{\triangle\text{OAB}}{\triangle\text{OCA}}.$$

よって，

$$\frac{\text{AP}}{\text{PB}}\cdot\frac{\text{BQ}}{\text{QC}}\cdot\frac{\text{CR}}{\text{RA}}=\frac{\triangle\text{OCA}}{\triangle\text{OBC}}\cdot\frac{\triangle\text{OAB}}{\triangle\text{OCA}}\cdot\frac{\triangle\text{OBC}}{\triangle\text{OAB}}$$

$$=\boxed{\ 1\ }.$$

59

ア＝⑤，イ＝①，ウ＝③，エ＝⑤，オ＝1.

ポイント

本問では，メネラウスの定理の証明を確認しよう．定理の理解が深まるし，証明で使われる手法がとても役に立つからだ．

メネラウスの定理

三角形 ABC の 3 辺 AB，BC，CA またはその延長が，三角形の頂点を通らない直線 l と，それぞれ点 P，Q，R で交わるとき

$$\frac{AP}{PB}\cdot\frac{BQ}{QC}\cdot\frac{CR}{RA}=1$$

が成り立つ．

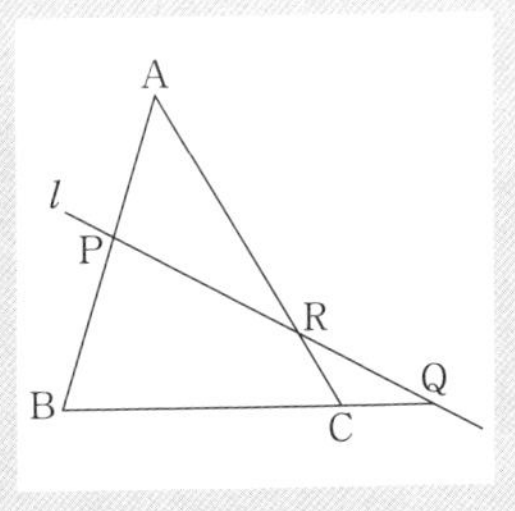

この定理の証明のポイントは，点 A を通り直線 l に平行な直線（本問では直線 AD）を引くことである．

解説

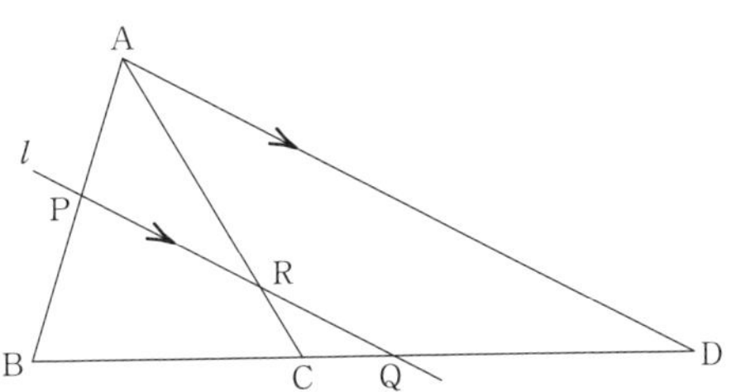

点 A を通り l と平行な直線と，直線 BC の交点を D とすると

$$\frac{AP}{PB}=\frac{QD}{BQ}=\frac{\boxed{⑤}}{\boxed{①}},\quad \frac{CR}{RA}=\frac{CQ}{QD}=\frac{\boxed{③}}{\boxed{⑤}}.$$

よって，

$$\frac{AP}{PB}\cdot\frac{BQ}{QC}\cdot\frac{CR}{RA}=\frac{QD}{BQ}\cdot\frac{BQ}{QC}\cdot\frac{CQ}{QD}=\boxed{\ 1\ }.$$

線分比を，直線 BC 上の線分の比で表しているのが上手い．

60

ア＝5, イ＝2, ウ＝7, エ＝3, オカ＝40, キ＝7.

ポイント

チェバの定理（問題**58**参照）とメネラウスの定理（問題**59**参照）を用いる問題だ.

チェバの定理はどのような図で使うかがわかりやすいが, 図が複雑になると「メネラウスの定理をどこに当てはめたらよいかわかりにくい」という生徒が多いようだ.

メネラウスは数学Cのベクトルでも使うと便利な場合が多いので, ここでちゃんと理解しておいてもらおう.

キツネを見たらメネラウス

メネラウスの定理

三角形ABCの3辺AB, BC, CAまたはその延長が, 三角形の頂点を通らない直線 l と, それぞれ点P, Q, Rで交わるとき

$$\frac{AP}{PB}\cdot\frac{BQ}{QC}\cdot\frac{CR}{RA}=1$$

が成り立つ.

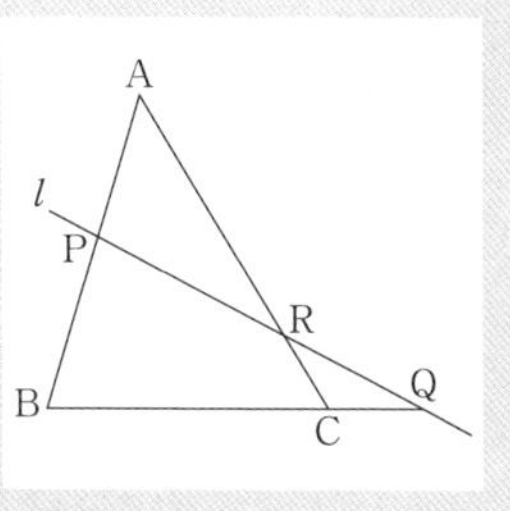

メネラウスの定理に現れる図は, 本質的には2つしかない. 三角形ABCの3辺に対して, P, Q, Rのうち

(i)　2つが内分点, 1つが外分点　　(ii)　3つとも外分点

という2パターンだけである.

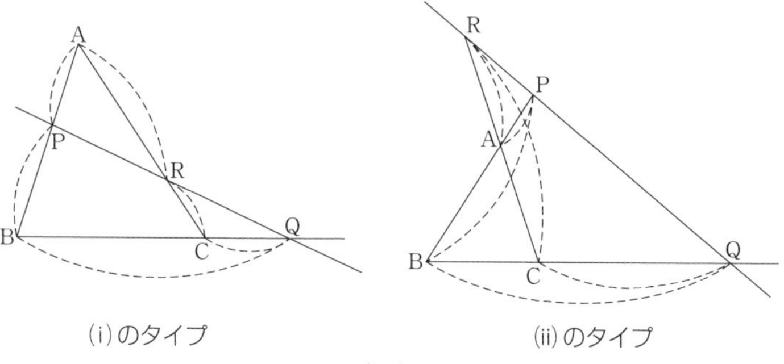

(i)のタイプ　　(ii)のタイプ

どちらの図にも共通な性質がある. **キツネ が見える.**

キツネ を見たら，メネラウス！

（例 1）

三角形 ABC において，辺 AB を 2：3 に内分する点を P，辺 BC を 2：1 に外分する点を Q とし，直線 PQ と辺 CA の交点を R とするとき，線分 AR と線分 RC の長さの比を求めよ．

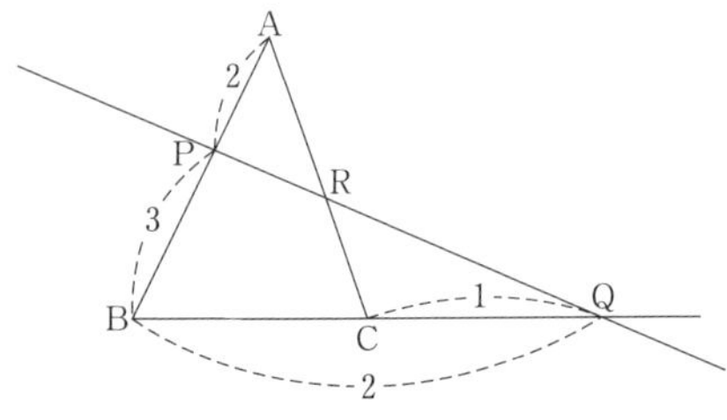

［解答］

メネラウスの定理より

$$\frac{\mathrm{AP}}{\mathrm{PB}}\cdot\frac{\mathrm{BQ}}{\mathrm{QC}}\cdot\frac{\mathrm{CR}}{\mathrm{RA}}=1.$$

$$\frac{2}{3}\cdot\frac{2}{1}\cdot\frac{\mathrm{CR}}{\mathrm{RA}}=1.$$

$$\therefore\quad \frac{\mathrm{RA}}{\mathrm{CR}}=\frac{4}{3}.$$

よって，

<u>AR：RC＝4：3.</u>

メネラウスの使い方（詳細版）

メネラウスを用いるには，図の中の**キツネ** に対しメネラウスの定理を用いればよい．**詳しいメネラウスの使い方**を解説しよう．

手順 1. まず，内分比・外分比を求めたい線分を含む**キツネ** を見つける．

手順 2. その**キツネ** において，

- 内分比・外分比を求めたい線分
- 内分比・外分比がわかっている線分を 2 本

の合計 3 本を太くなぞる．

（例 1）では右図のようになる．

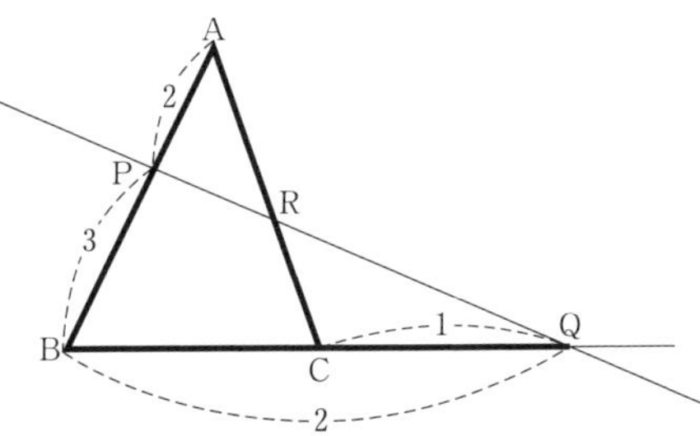

手順3. 太くなぞった線分上の点について，

- 太線が2本通っているもの（3個）に「◎」をつけ，
- 太線が1本しか通ってないものに（これも3個）「○」をつける.

（例1）の場合は，右図のようになる.

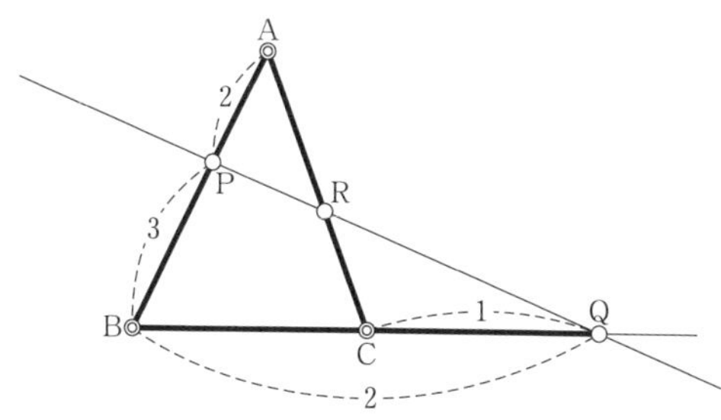

手順4. メネラウスの定理は，「◎」をつけた点から始めて

$$\frac{◎○}{○◎}\cdot\frac{◎○}{○◎}\cdot\frac{◎○}{○◎}=1$$

のように，**太線上で◎と○を交互にたどる形**になる.

（例1）の場合なら，**手順3**の図から

$$\frac{AP}{PB}\cdot\frac{BQ}{QC}\cdot\frac{CR}{RA}=1$$

とか

$$\frac{CQ}{QB}\cdot\frac{BP}{PA}\cdot\frac{AR}{RC}=1$$

などのようになる.（メネラウスの当てはめ方は色々ある.）

以上で，欲しい比が求められる.

（例2）

三角形 ABC において，辺 AB を 1：2 に内分する点を P，辺 AC を 3：1 に内分する点を Q とし，直線 PQ と直線 BC の交点を R とするとき，

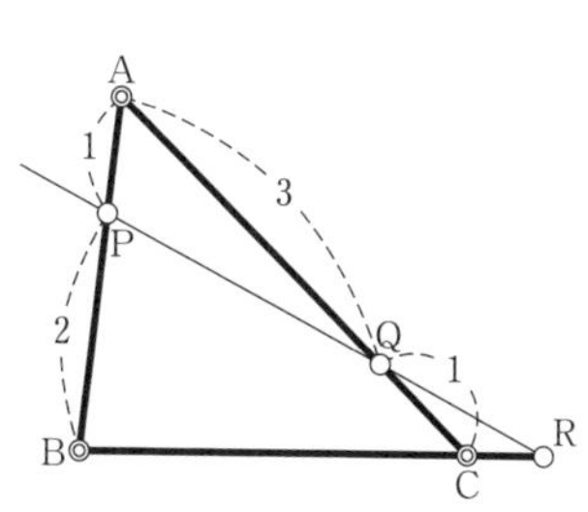

(1)　BR：RC を求めよう.

線分 BR（内分比・外分比を求めたい）と，線分 AB，AC（内分比・外分比が分かっている）を太くなぞると，右図のように◎○がつくから，◎○を交互にたどるようにメネラウスを当てはめて

$$\frac{AP}{PB}\cdot\frac{BR}{RC}\cdot\frac{CQ}{QA}=1.$$

$$\therefore\quad \frac{1}{2}\cdot\frac{BR}{RC}\cdot\frac{1}{3}=1.$$

$$\therefore\quad \frac{BR}{RC}=6.$$

よって，

<u>BR：RC=6：1.</u>

(2) 次は，PQ：QR を求めよう．（こちらの方が，メネラウスを使うのが難しいかも）

線分 PR（内分比・外分比を求めたい）と，線分 AB，AC（内分比・外分比が分かっている）を太くなぞると，右図のように◎○がつくから，◎○を交互にたどるようにメネラウスを当てはめて

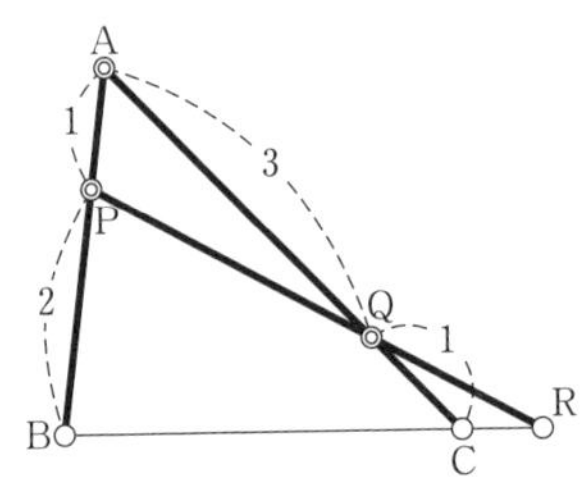

$$\frac{AB}{BP}\cdot\frac{PR}{RQ}\cdot\frac{QC}{CA}=1. \qquad \therefore \quad \frac{3}{2}\cdot\frac{PR}{RQ}\cdot\frac{1}{4}=1.$$

$$\therefore \quad \frac{PR}{RQ}=\frac{8}{3}.$$ よって，PQ：QR=5：3.

解説

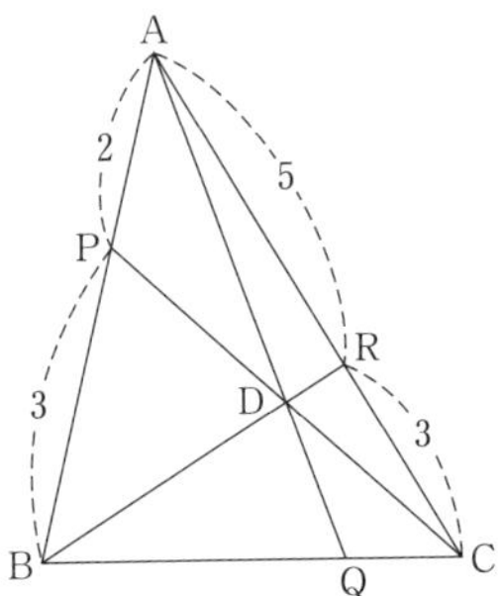

チェバの定理より

$$\frac{AP}{PB}\cdot\frac{BQ}{QC}\cdot\frac{CR}{RA}=1.$$

$$\frac{2}{3}\cdot\frac{BQ}{QC}\cdot\frac{3}{5}=1.$$

$$\frac{BQ}{QC}=\frac{5}{2}.$$

$$\therefore \quad BQ:QC=\boxed{5}:\boxed{2}.$$

次に AD：DQ を求めるために，直線 ADQ を含む 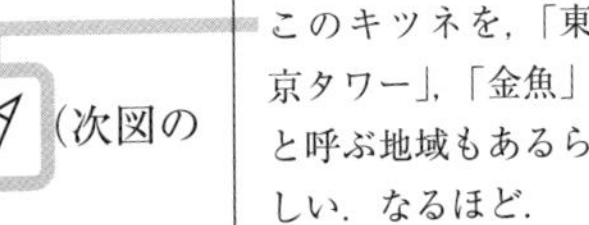（次図の灰色の部分）に注目する．

このキツネを，「東京タワー」，「金魚」と呼ぶ地域もあるらしい．なるほど．

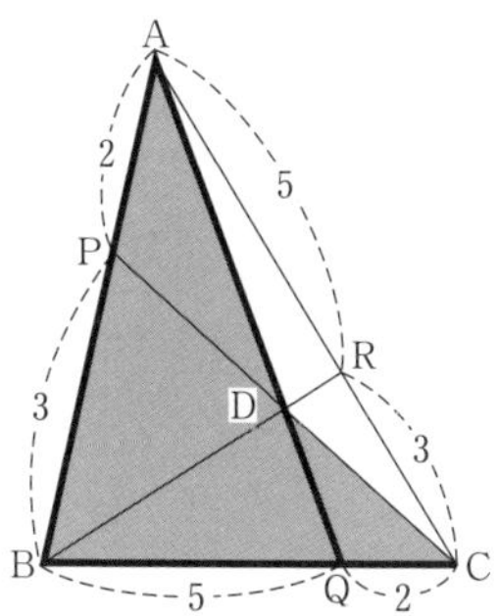

太線が比を知りたい線分1本と，比がわかっている線分2本だ．

∀ において，太線が2本通っている点に◎，1本だけ通っている点に○をつけよう．

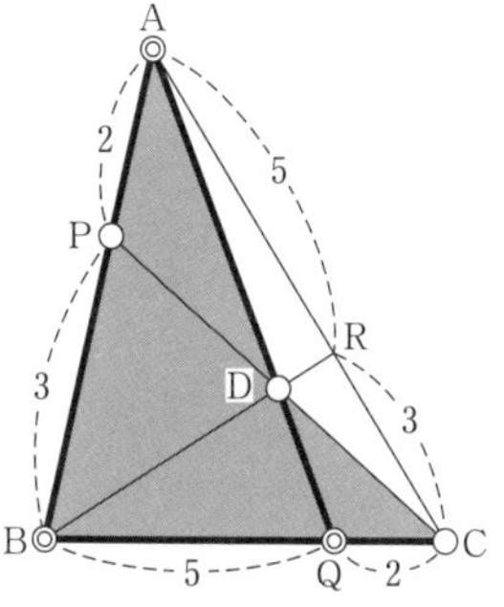

◎と○を交互にたどるようにメネラウスを当てはめて

$$\frac{\mathrm{AD}}{\mathrm{DQ}}\cdot\frac{\mathrm{QC}}{\mathrm{CB}}\cdot\frac{\mathrm{BP}}{\mathrm{PA}}=1.$$

授業でメネラウスの定理を色々な教え方をしてみたが，∀ がどんな向きでも，多くの生徒がやってくれるのは，この教え方だった．

$$\frac{\mathrm{AD}}{\mathrm{DQ}}\cdot\frac{2}{7}\cdot\frac{3}{2}=1.\quad\left(\because\quad \mathrm{BQ}:\mathrm{QC}=5:2\text{ より，}\ \frac{\mathrm{QC}}{\mathrm{CB}}=\frac{2}{7}\right)$$

$$\frac{\mathrm{AD}}{\mathrm{DQ}}=\frac{7}{3}.$$

$$\therefore\quad \mathrm{AD}:\mathrm{DQ}=\boxed{7}:\boxed{3}.$$

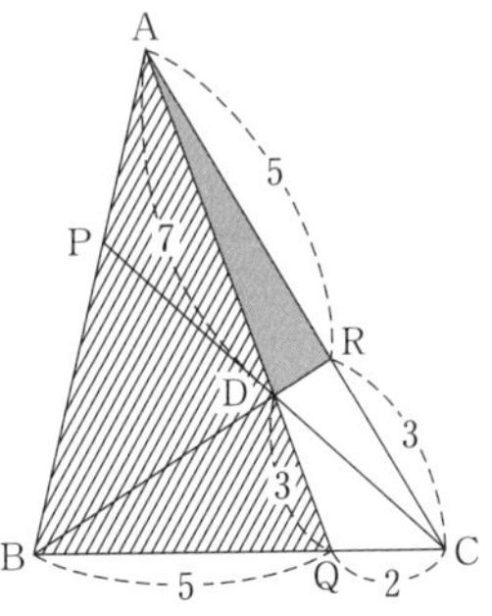

三角形の面積比を求めるには，三角形の辺またはその延長上で頂点を１つずつずらしていけばよい．

△ADR の頂点 R を直線 AR 上で C にずらすと，△ADC ができる．

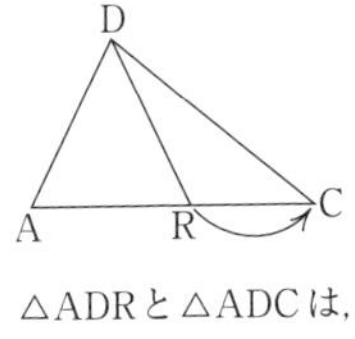

△ADR と △ADC は，辺 AR と辺 AC を底辺とすると高さが共通なので，その面積比は底辺の比に等しくなり

$$\triangle \mathrm{ADR} = \frac{\mathrm{A}\mathbf{R}}{\mathrm{A}\mathbf{C}}\triangle \mathrm{ADC}$$

直線 **AR** 上で **R** を **C** にずらす

式の作り方は側注を見よ．以下も同様．

$$\triangle \mathrm{ADR} = \frac{\mathrm{A}\mathbf{R}}{\mathrm{A}\mathbf{C}}\triangle \mathrm{ADC}$$

直線 **AD** 上で **D** を **Q** にずらす

$$= \frac{5}{8}\cdot\frac{\mathrm{A}\mathbf{D}}{\mathrm{A}\mathbf{Q}}\triangle \mathrm{AQC}$$

直線 **CQ** 上で **C** を **B** にずらす

$$= \frac{5}{8}\cdot\frac{7}{10}\cdot\frac{\mathbf{C}\mathrm{Q}}{\mathbf{B}\mathrm{Q}}\triangle \mathrm{ABQ}$$

$$= \frac{5}{8}\cdot\frac{7}{10}\cdot\frac{2}{5}\triangle \mathrm{ABQ}$$

$$= \frac{7}{40}\triangle \mathrm{ABQ}.$$

よって，

$$\triangle \mathrm{ABQ} : \triangle \mathrm{ADR} = \boxed{40} : \boxed{7}.$$

61

ア＝3，イ＝2，ウ＝3，エ＝2，オ＝2，カ＝⓪，キ＝1，ク＝2，ケコ＝30，サシ＝30.

ポイント

(1)　方べきの定理を確認しよう.

方べきの定理

円 O の2つの弦 AB，CD またはその延長の交点を P とすると

$$PA \cdot PB = PC \cdot PD.$$

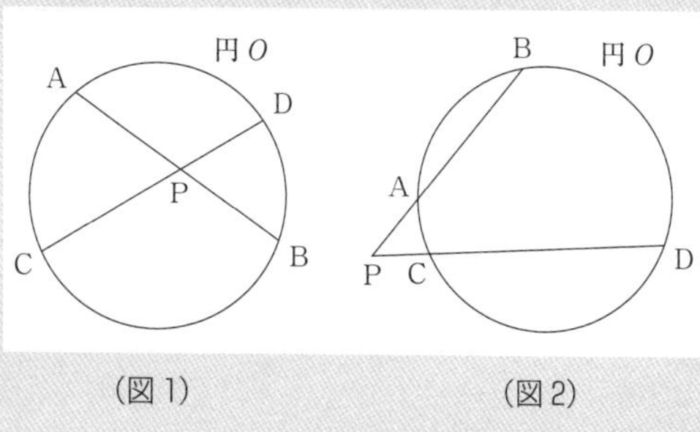

（図1）　　（図2）

【証明】　図1の場合を証明しておく.（図2も同様にできる）

$\angle PAC = \angle PDB$（円周角）

$\angle APC = \angle DPB$（対頂角）

より，$\triangle PAC \backsim \triangle PDB$ となり

$\dfrac{PA}{PC} = \dfrac{PD}{PB}$.　∴　$PA \cdot PB = PC \cdot PD$.（証明終り）

方べきの定理の図2の場合（P が円 O の外部にある）で，C＝D の場合は，直線 PC が円 O に接する場合である．このときは，次のようになる.

方べきの定理の接線への拡張

円 O の点 C における接線と，弦 AB の延長との交点を P とすると

$$PA \cdot PB = PC^2.$$

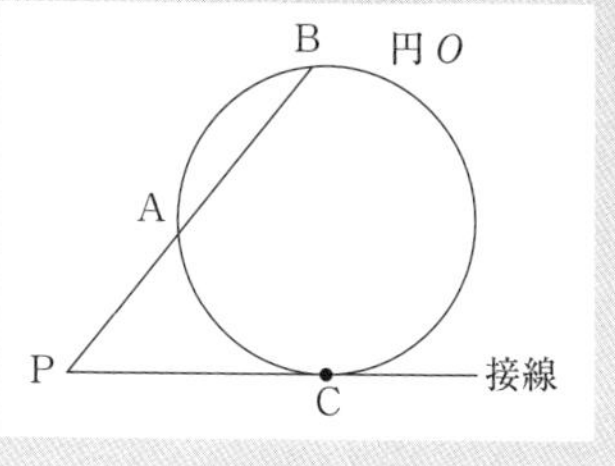

(2) この設問では，接弦定理を確認しよう．

接弦定理

円 O の点 A における接線と弦 AB のなす角 θ は，弦 AB に対する円周角に等しい．

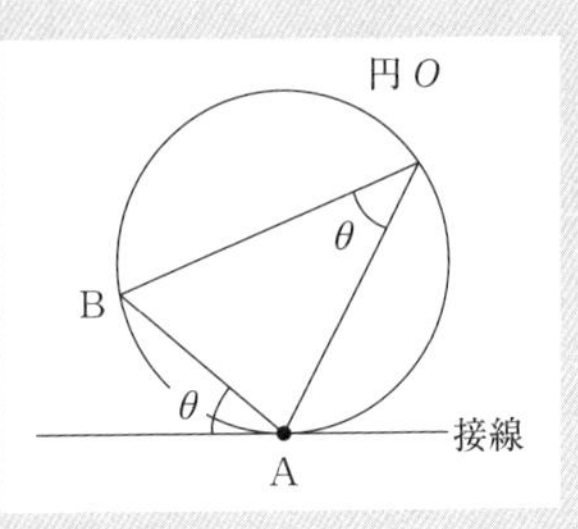

【証明】 円 O 上に AC が直径となる点 C をとる．A での接線と AC は垂直なので

$$\theta + \angle \mathrm{BAC} = 90^\circ. \quad \cdots①$$

直径 AC に対する円周角なので，$\angle \mathrm{ABC} = 90^\circ$ となり

$$\angle \mathrm{BCA} + \angle \mathrm{BAC} = 90^\circ. \quad \cdots②$$

①，② より

$$\theta = 90^\circ - \angle \mathrm{BAC} = \angle \mathrm{BCA}.$$ （証明終り）

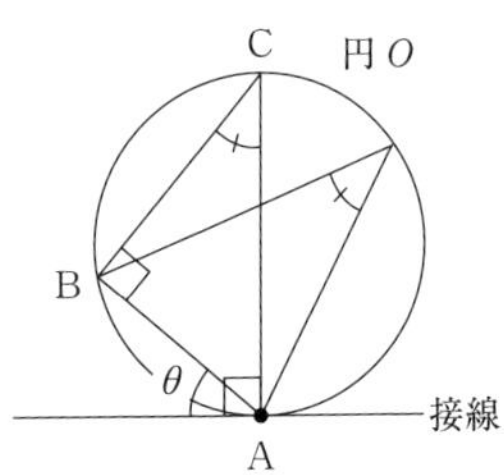

解説

(1) 方べきの定理より，

$$\mathrm{AE} \cdot \mathrm{AD} = \mathrm{AB} \cdot \mathrm{AC}.$$

AD＝2，AB＝1，AC＝3 より，

$$2\mathrm{AE} = 1 \cdot 3.$$

$$\therefore \quad \mathrm{AE} = \frac{\boxed{3}}{\boxed{2}}.$$

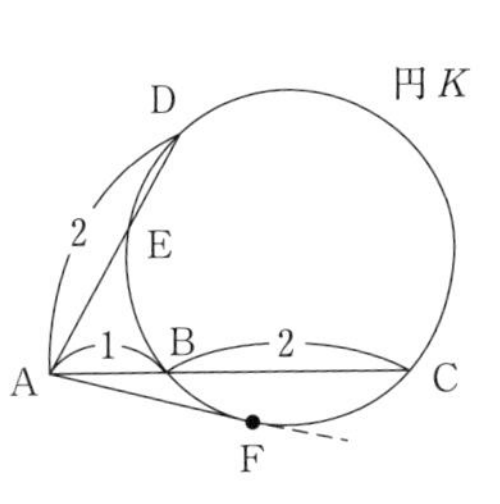

直線 AF は点 F で円 K に接しているので，

$$\mathrm{AF}^2 = \mathrm{AB} \cdot \mathrm{AC}$$
$$= 1 \cdot 3.$$

$$\therefore \quad \mathrm{AF} = \sqrt{\boxed{3}}.$$

(2) $$\mathrm{AB}^2 = \sqrt{2}^2 = \boxed{2}.$$

$\mathrm{AC} = \sqrt{3}+1$，$\mathrm{AD} = \mathrm{AC} - 2 = \sqrt{3}-1$ より，

$$\mathrm{AC} \cdot \mathrm{AD} = (\sqrt{3}+1)(\sqrt{3}-1)$$

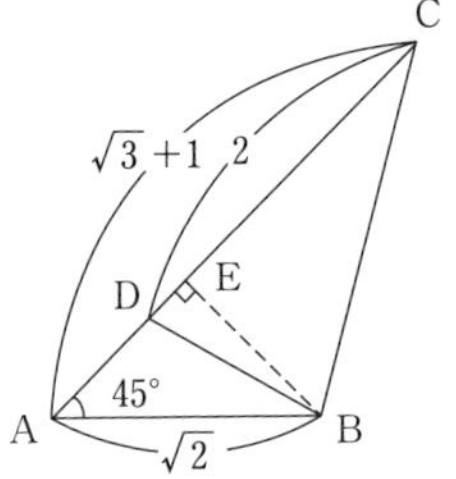

$= \boxed{2}$.

よって,

$$AC \cdot AD = AB^2$$

となるから，直線ABは「B, C, Dを通る円」と接する.

方べきの定理の，接線への拡張.

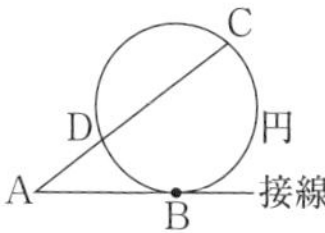

$AC \cdot AD = AB^2$

となる.

$\therefore$ カ $= \boxed{⓪}$.

$\triangle ABE$ は直角二等辺三角形であり，$AB = \sqrt{2}$ より,

$$BE = \boxed{1}.$$

$AE = 1$ も成り立ち,

$$CE = AC - AE = (\sqrt{3} + 1) - 1 = \sqrt{3}$$

となり，$\triangle BCE$ は

$BE = 1$, $CE = \sqrt{3}$, $\angle BEC = 90°$

であるから,

$BC = \boxed{2}$, $\angle C = \boxed{30}$°.

接弦定理より,

$\angle ABD = \angle C = \boxed{30}$°.

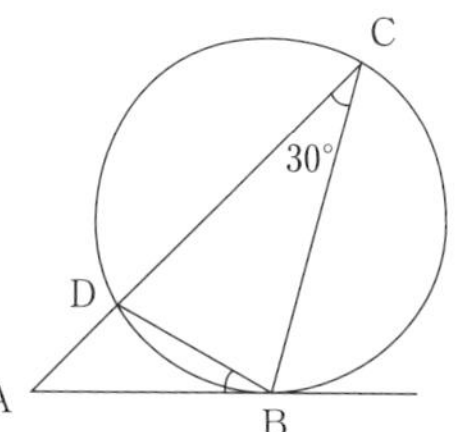

62

ア＝①，イ＝⓪，ウ＝④，エ＝⑥，オ＝⑦，カ＝1，キ＝2，ク＝③，ケ＝⑧，コ＝③.

ポイント

共通テストでは「受験生に馴染みのない定理を誘導をつけて証明させる」という問題が出題される可能性がある．本問は「トレミーの定理」という古代ギリシャ時代から知られている定理を，余り知られていない方法で証明する問題だ.

この定理は国公立大の2次試験や私大入試でも役立つので理解しておこう.

解説

(1)

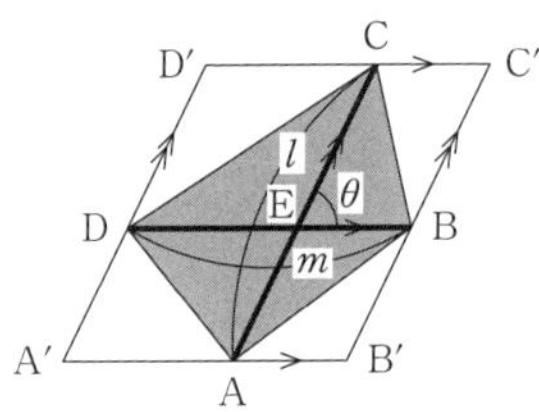

A′B′∥BD，A′D∥B′B より，四角形 A′B′BD は平行四辺形になるので，

$$A'B'=BD=m$$

となる．よって，ア には ① が当てはまる．

同様に四角形 A′D′CA は平行四辺形になるから，

$$A'D'=AC=l$$

となる．よって，イ には ⓪ が当てはまる．

AC と BD の交点を E とすると，四角形 A′AED が平行四辺形になるから

$$\angle D'A'B'=\angle DEA=\theta$$

となる．よって，ウ には ④ が当てはまる．

以上より，平行四辺形 A′B′C′D′ の面積は

$$A'B'\cdot A'D'\sin\theta=lm\sin\theta$$

となる．よって，エ には ⑥ が当てはまる．

面積について

$$\triangle DAE=\frac{1}{2}(\text{平行四辺形 }A'AED),$$

平行四辺形の面積は，対角線により二等分される．

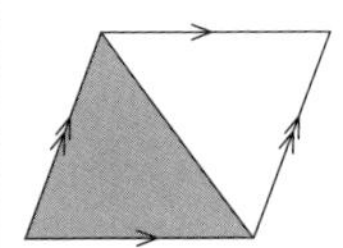

$$\triangle ABE=\frac{1}{2}(\text{平行四辺形 }B'BEA),$$

$$\triangle BCE=\frac{1}{2}(\text{平行四辺形 }C'CEB),$$

$$\triangle CDE=\frac{1}{2}(\text{平行四辺形 }D'DEC)$$

となり，辺々足して

$$(\text{四角形 }ABCD)=\frac{1}{2}(\text{四角形 }A'B'C'D')=\frac{1}{2}lm\sin\theta$$

となる．よって，オ には ⑦ が当てはまる．

(2)

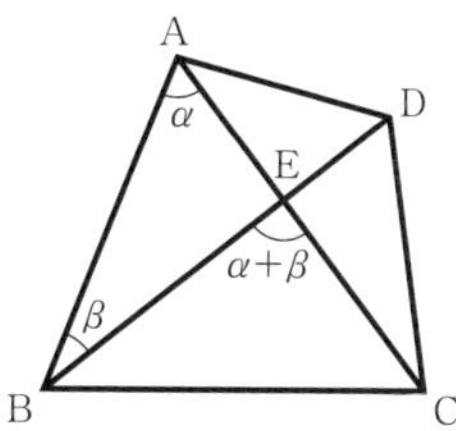

四角形 ABCD の面積を S とし,

$$\angle\mathrm{BAC}=\alpha,\ \angle\mathrm{ABD}=\beta$$

とし, AC と BD の交点を点 E とする.

$\angle\mathrm{BEC}=\alpha+\beta$ となることから(1)の オ の結果より

> 三角形において, 2つの内角の和は残りの角の外角に等しい.

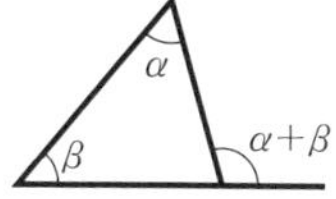

$$S=\frac{1}{2}\mathrm{AC}\cdot\mathrm{BD}\sin(\alpha+\beta)$$

$$=\frac{\boxed{1}}{\boxed{2}}lm\sin(\alpha+\beta).\qquad\cdots①$$

> これは問題文の ① と同じ式.

次に, $\overset{\frown}{\mathrm{BAD}}$ 上に

$$\mathrm{A'B}=d,\ \mathrm{A'D}=a$$

となる点 A′ を取る. (次図)

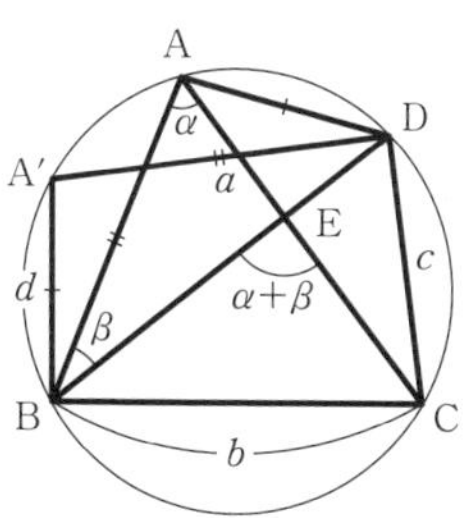

△ABD と △A′DB は合同であるから

> △ABD を裏返すと △A′DB になる.

$$S=\triangle\mathrm{ABD}+\triangle\mathrm{BCD}$$

$$=\triangle\mathrm{A'DB}+\triangle\mathrm{BCD}$$

$$=(\text{四角形 A'BCD})$$

$$=\triangle\mathrm{A'DC}+\triangle\mathrm{A'BC}.\qquad\cdots②$$

> これは問題文の ② と同じ式.

ここで，

$$\angle \mathrm{A'DB} = \angle \mathrm{ABD} \quad (\triangle \mathrm{A'DB}\text{ と }\triangle \mathrm{ABD}\text{ が合同より})$$
$$= \beta.$$

$$\angle \mathrm{BDC} = \angle \mathrm{BAC} \quad (\text{どちらも }\overset{\frown}{\mathrm{BC}}\text{ に対する円周角})$$
$$= \alpha.$$

よって，

$$\angle \mathrm{A'DC} = \angle \mathrm{A'DB} + \angle \mathrm{BDC} = \beta + \alpha \qquad \cdots ④$$

となり，

$$\triangle \mathrm{A'DC} = \frac{1}{2}\mathrm{A'D}\cdot\mathrm{CD}\sin(\alpha+\beta)$$
$$= \frac{1}{2}ac\sin(\alpha+\beta). \qquad \cdots ⑤$$

よって，ク に ③ が当てはまる．

四角形 A′BCD が円に内接しているので，④ を用いて

$$\angle \mathrm{A'BC} = \pi - \angle \mathrm{A'DC} = \pi - (\alpha+\beta).$$

円に内接する四角形について，向かい合う内角の和は 180° である．

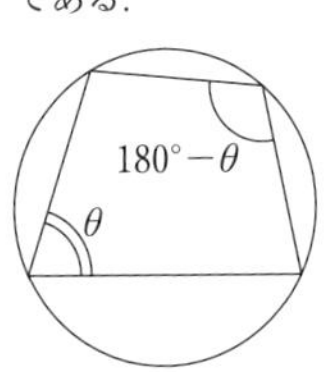

よって，

$$\triangle \mathrm{A'BC} = \frac{1}{2}\mathrm{BC}\cdot\mathrm{BA'}\sin(\pi-(\alpha+\beta))$$
$$= \frac{1}{2}bd\sin(\alpha+\beta). \qquad \cdots ⑥$$

よって，ケ には ⑧ が当てはまる．

⑤ と ⑥ が問題文の ③ であり，これを ② に代入すると

$$S = \frac{1}{2}(ac+bd)\sin(\alpha+\beta).$$

これと ① から，

$$\frac{1}{2}lm\sin(\alpha+\beta) = \frac{1}{2}(ac+bd)\sin(\alpha+\beta)$$

となり

$$lm = ac+bd$$

となる．よって，コ には ③ が当てはまる．